"十四五"职业教育国家规划教材

"十三五"职业教育国家规划教材

职业教育烹饪专业教材

重庆火锅服务

第2版

主　编　郭小曦

副主编　李晓菊　张　春

参　编　张　华　袁　海

重庆大学出版社

内容提要

本书根据对火锅企业需求和职业需求的调查,设置了 7 个项目,即火锅服务概述、火锅企业组织机构职能、火锅服务从业人员的素质要求、火锅服务基本技能、火锅零餐服务、火锅自助餐服务和火锅宴会服务。本书旨在让学生了解并掌握重庆火锅服务的流程和操作技能,熟悉火锅服务各岗位的工作要求,具备从事重庆火锅服务的基本职业能力。

本书可作为职业教育酒店服务与管理专业、中餐烹饪专业教材,也可作为重庆火锅行业培训教材及火锅从业人员的参考用书。

图书在版编目(CIP)数据

重庆火锅服务 / 郭小曦主编. -- 2版. -- 重庆:
重庆大学出版社,2022.1
职业教育烹饪专业教材
ISBN 978-7-5689-1822-0

Ⅰ.①重… Ⅱ.①郭… Ⅲ.①餐馆—商业服务—中等
专业学校—教材 Ⅳ.①F719.3

中国版本图书馆 CIP 数据核字(2022)第027970号

职业教育烹饪专业教材
重庆火锅服务
(第2版)
主 编 郭小曦
策划编辑:龙沛瑶

责任编辑:龙沛瑶 版式设计:龙沛瑶
责任校对:关德强 责任印制:张 策
*
重庆大学出版社出版发行
出版人:饶帮华
社址:重庆市沙坪坝区大学城西路21号
邮编:401331
电话:(023)88617190 88617185(中小学)
传真:(023)88617186 88617166
网址:http://www.cqup.com.cn
邮箱:fxk@cqup.com.cn(营销中心)
全国新华书店经销
重庆长虹印务有限公司印刷
*
开本:787mm×1092mm 1/16 印张:4.75 字数:106 千
2019 年 9 月第 1 版 2022 年 1 月第 2 版 2022 年 1 月第 2 次印刷
印数:3 001—4 000
ISBN 978-7-5689-1822-0 定价:29.00元

第 2 版前言

"重庆火锅服务"是火锅专业一门重要的专业基础课程。《重庆火锅服务》(第 2 版)则是重庆火锅培训教材之一。本书在修订过程中,为加强推进文化自信自强,将践行社会主义核心价值观。根据党的二十大精神,在推进中国式现代化进程,实现高质量发展的大背景下,编者对本书内容进行了统筹编写。瞄准技术变革和产业优化升级需要,增强职业教育的适应性。本书根据重庆火锅专业教学计划和教学大纲要求编写,是火锅专业系列配套教材的组成部分。

本书包括火锅服务概述、火锅企业组织机构职能、火锅服务从业人员的素质要求、火锅服务基本技能、火锅零餐服务、火锅自助餐服务和火锅宴会服务 7 个项目,共 18 个任务。本书以项目的形式来编写,每个项目都是一个独立的内容,便于讲授和学习。每个项目以"教学目标—任务—实训内容—思考题"的体例来编写。

本书以火锅企业在生产服务过程中的任务运行流程、基本管理方法和操作技能为重点,兼顾理论知识;以培养能够胜任火锅企业在生产服务管理工作的管理人才和服务人才为目标。本书根据不同层次学生的认知特点,对教材内容的深度、难度做了较大程度的调整。在理论上做到精当,以够用为度,与行业资格考试的深度和岗位的实际要求接轨。本书在编写过程中,尽可能使用图表将各个知识点生动地展示出来,力求给学生营造一个更加直观的认知环境。

本教材第 1 版于 2019 年 9 月由重庆大学出版社出版,由于教材内容符合教育部教育教学改革人才培养的要求,使用效果良好,深受广大师生和从业人员的欢迎,因此我们进行了第 2 版修订。本次修订在保持原有特色和体系的基础上,对实训内容进行了补充和完善,使内容变得更容易操作,有利于学生在活动中学习,在学习中强化服务技能。

本书由郭小曦任主编且负责主要修订工作,李晓菊、张春副任主编,张华、袁海任参编。本书具体编写分工如下:项目 1、项目 4 由郭小曦编写,项目 2、项目 3 由李晓菊编写,项目 5 由张华编写,项目 6 由张春编写,项目 7 由袁海编写。刘华伦、陈勇负责本书的主审。本书部分图片和视频由重庆壹牛老火锅提供。

本书可作为职业教育酒店服务与管理专业、中餐烹饪专业教材,也可作为重庆火锅行业培训教材及火锅从业人员的参考资料。由于编者的水平和时间有限,书中难免存在不足之处,敬请广大专家和读者批评指正。

编　者

第 1 版前言

"重庆火锅服务"是火锅专业一门重要的专业基础课程。《重庆火锅服务》则是重庆火锅培训教材之一。本书根据重庆火锅专业教学计划和教学大纲要求编写,是火锅专业系列配套教材的组成部分。

本书包括火锅服务概述、火锅企业组织机构职能、火锅服务从业人员的素质要求、火锅服务基本技能、火锅零餐服务、火锅自助餐服务和火锅宴会服务 7 个项目,共 18 个任务。本书以项目的形式来编写,每个项目都是一个独立的内容,便于讲授和学习。每个项目以"教学目标—任务—思考题"的体例来编写。

本书以火锅企业在生产服务过程中的任务运行流程、基本管理方法和操作技能为〔核心〕兼顾理论知识;以培养能够胜任火锅企业管理、生产、服务工作的人才为目标。本〔书根〕据不同层次学生的认知特点,对教材内容的深度、难度做了较大程度的调整,在理〔论上〕做到精当,以够用为度,与行业资格考试的深度和岗位的实际要求接轨。本书在编写过程中,尽可能使用图表将各个知识点生动地展示出来,力求给学生营造一个更加直观的认知环境。

本书由郭小曦任主编,李晓菊、张春任副主编,张华、袁海任参编。本书具体编写分工如下:项目 1、项目 4 由郭小曦编写,项目 2、项目 3 由李晓菊编写,项目 5 由张华编写,项目 6 由张春编写,项目 7 由袁海编写。刘华伦、陈勇担任本书的主审。

本书可作为中等职业教育酒店服务与管理专业、中餐烹饪与营养膳食专业教材,也可作为重庆火锅行业培训教材和火锅从业人员的参考用书。由于编者的水平有限,书中难免存在不足之处,敬请广大专家和读者批评指正。

编　者
2019 年 5 月

目　录

项目 5　火锅零餐服务

项目 6　火锅自助餐服务

项目 7　火锅宴会服务

参考文献

火锅服务概述

【教学目标】

知识目标

了解重庆火锅的起源、特点，以及火锅服务的概念和方式。

能力目标

能正确运用火锅厅的布置要领进行店面布置，掌握重庆火锅的服务特点，能提供优质的对客服务。

素养目标

养成良好的工作习惯，能适当运用火锅食用技巧为客人提供服务。

任务1　火锅概述

火锅是中国的传统饮食方式之一，已有1 900多年的历史。史书记载，古代祭祀或庆典，要"击钟列鼎"而食，即众人围在鼎的周边，将牛肉、羊肉等食物放入鼎中煮熟分食，这就是火锅的萌芽。

1.1.1　我国的火锅种类

我国最有名的四大火锅分别是重庆毛肚火锅、北方羊肉涮锅、广东海鲜打边炉和江浙

菊花暖锅。

1）重庆毛肚火锅

重庆毛肚火锅以其麻辣醇香的特点名扬天下。传统的毛肚火锅以牛的毛肚为主，荤菜菜品有牛肝、牛心、牛舌、牛背柳肉片等，素菜菜品有血旺、莲白、蒜苗、葱节、豌豆尖等。如今，菜品范围已扩大为家禽、水产、海鲜、动物内脏、各类蔬菜和干鲜菌果等。同时，在毛肚火锅的基础上，还创新出清汤火锅、鸳鸯火锅、啤酒鸭火锅、狗肉火锅、肥牛火锅、辣子鸡火锅等多个品种。

2）北方羊肉涮锅

北方羊肉涮锅选料精细鲜嫩，肉片纤薄均匀，调料多样味美，涮肉醇香不膻，香味纯正，鲜嫩可口。其做法是：将细嫩羊肉切成大薄片，粉丝水发好后剪成段，白菜切成长条块。火锅内放入鲜汤和海米，点火上桌。待锅内汤沸后，用筷子夹着羊肉片在锅内涮一下，再将涮熟的羊肉片蘸着调味汁食用。最后，将白菜和粉丝放入锅内烫至快熟时，加入精盐、味精和酱油即可食用。

3）广东海鲜打边炉

广东海鲜打边炉用料讲究，以体现食物的原汁原味为主，最大的特点是入煮为鲜。底汤的原料有甲鱼、老母鸡、红枣、枸杞等，涮料有各类海鲜、素菜。食用时，可先吃尽海鲜涮料，再将涮锅中的部分底汤分份喝掉，最后将素菜倒入涮锅中剩余的底汤继续涮食。

4）江浙菊花暖锅

江浙菊花暖锅清香爽口，风味独特。其做法是：锅内兑入鸡汤滚沸，取白菊花瓣净洗，撕成茸丝洒入汤内。待菊花清香渗入汤内后，将生肉片、生鸡片等入锅烫熟，蘸汁食用。其滋味芬芳扑鼻，别具风味，被视为火锅家族中的上品。

1.1.2 国外的火锅种类

因为世界各地人文风情、饮食偏好不同，国外的火锅种类也各式各样，独具特色。

1）日本锄烧火锅

日本锄烧火锅清淡求鲜，工序较多，口味以生、鲜、醇为主。这种火锅的主菜有牛肉片、虾仁、鸡片、鱼片、猪瘦肉片、猪腰片等，配菜有粉丝、菠菜、洋葱等。其吃法通常是将平底锅烧热，待油烧热后倒入洋葱片拌炒至八成熟，然后将自己喜爱的各种主菜放入锅中，边煎边吃。吃至一半，再加入鲜汤与调料煮沸，在鲜汤内涮主菜食之。

2）朝鲜酸菜白膘肉火锅

朝鲜酸菜白膘肉火锅因其中的酸菜而出名，用炭火加热，吃法较原始，但很美味。底汤一般以泡菜汤为主，高汤为海鲜汤，其中会加入一些海鲜和猪肉之类的菜品，但都是提前放进去的。白膘肉即五花肉，再配血肠、蛤蜊等多种菜品煮食。

3）韩国石头火锅

韩国石头火锅一锅两吃，可以让人在品涮肉美味的同时，能领略烤肉的另一种鲜香，真是一举两得。这种火锅有点像我国传统的烧炭火锅，但中间的炭炉没有那么高。锅中半圆形凸起的部分是专门用来烤肉的，四周可以注入高汤涮各种材料。食用时，人们围坐四周，喜欢烤肉的人可以往锅中间的烤肉板上刷一层油，烤肉吃，喜欢吃涮肉的人可以吃涮肉。通常，人们在吃韩国石头火锅的时候，要搭配吃一些韩国泡菜，这样可以去除肉的油腻，保持清爽的口感。

4）印度尼西亚咖喱火锅

印度尼西亚咖喱火锅的味道辛辣中带甜，具有一种特别的香气。作料是印度尼西亚本土产的咖喱、番叶、椰子粉及香料等，涮以鱼头、大虾、鸡肉、牛肉，锅底还以米粉浸汁，尽吸原汁。

5）泰式火锅

泰式火锅的浓郁汤底以酸辣口味为主，配以天然植物香料，夏天吃起来开胃，冬天吃起来暖和。泰国火锅以海鲜或牛肉为主菜，整锅煮好后才端上桌食用。

6）瑞士奶酪火锅

瑞士奶酪火锅味道温和清淡。食用时，将奶酪放在锅里，煮成液体状，再加入白酒和果酒。用长叉将法式面包放进锅中的奶酪液里，待奶酪液渗进面包后即可食用。

1.1.3 重庆火锅的特点

重庆火锅早在左思的《三都赋》中就有记录，已有1 700多年的历史。重庆火锅发展至明末清初时期，在嘉陵江、长江的朝天门等码头，形成了以船工、纤夫为主流的简便餐饮方式。重庆火锅口味以麻辣为主，初期原料主要是以牛毛肚、牛血旺、牛肝等菜品为主的牛下水。后来，随着社会的发展，人民生活水平的提高，菜品逐渐多元化。如今，重庆火锅以其独特的风味受到人们的喜爱和推崇。

重庆火锅的特点如下：
①讲究调味，麻辣味浓。
②汤汁红亮，鲜醇脂香。

③选料广泛，崇尚自然。

④刀工精细，成型各异。

⑤味碟讲究，调配灵活。

⑥饮餐合一，随心所欲。

1.1.4 重庆火锅的食用技巧

吃重庆火锅讲究食用技巧，要的就是涮烫的功夫，毛肚、鸭肠、鹅肠、腰片，下锅涮几秒、抖动几下即可，入口爽脆。涮烫的学问很大，过之则老，欠之则生，全凭手感经验。对于这些涮烫食材，要求有极高的新鲜度，动物食材最好采用当日屠宰的，毛肚、鸭肠、鹅肠应全程冰鲜保存，才有脆度。

1）原材料的加热方式

重庆火锅有烫和煮两种加热方式。

（1）烫

烫是将形小或片薄的易熟原料放入沸腾的汤汁中，在短时间内快速加热致熟的方法。

（2）煮

煮是将形大、片厚或组织紧密的原料放在沸腾的汤汁中，用较长时间加热致熟的方法。

2）重庆火锅的食用技巧

（1）味碟

味碟在吃重庆火锅时是必不可少的。味碟在重庆俗称"调和"。菜品蘸过味碟后再入口，可以增加食物的鲜香味，改善食物的滑爽度和滋润度，在祛辛辣的同时降低食物温度，达到调味、降温的目的。

重庆火锅常见的味碟有以下两种：

①蒜泥麻油碟。这是重庆火锅最经典的搭配。制作时，在芝麻香油里加入适量的蒜泥和调味盐即可。

②干油碟。在调配味碟时不加入麻油和有汁水的调味料。干油碟用干辣椒面、干花椒面、调味盐等佐料调和而成，它是追求味蕾强刺激食客的最爱。

（2）煮制时间

菜品入锅顺序多应先荤后素，先烫荤菜可使汤卤越吃越鲜。质地紧密的原料，如鱼鳅、鲫鱼、带鱼等，应先入锅，因其熟软的口感需久煮才能达到，同时也能增加汤汁的鲜醇度。嫩脆原料烫的时间短，如烫食鲜毛肚通常只需15秒左右，待其微卷起泡断生即可；烫食鲜鸭肠则需20秒左右，待其变色卷曲断生即可（见表1-1）。

表 1-1　重庆火锅食材烫煮参考时间表

品　种	时　间	品　种	时　间
鲜毛肚	12 ~ 15 秒	泥鳅	5 ~ 7 分钟
鲜鸭肠	15 ~ 20 秒	鲳鱼	5 ~ 6 分钟
鲜牛黄喉	3 ~ 4 分钟	鳝鱼	6 ~ 8 分钟
腩花	3 ~ 4 分钟	鸭血	8 ~ 10 分钟
老肉片	3 ~ 4 分钟	豆芽	3 ~ 4 分钟
嫩牛肉	3 ~ 4 分钟	藕片	4 ~ 5 分钟
腰花	2 ~ 3 分钟	豆干	2 ~ 3 分钟

（3）火力调节

无论使用何种炉具煮食火锅，炉具的火力都是中间部位稍强，四周稍弱。嫩脆的原料，如鹅肠、毛肚、鸡胗等宜在火力稍强的汤汁中烫食，才能嫩脆爽口。而质地紧密、口感要求熟软的原料，如肉丸、土豆等，就应在火力稍弱的汤汁中煮食，久煮，才能煮熟。喜食麻辣味重的食客宜在锅中油面多的位置烫食，火力宜弱，使汤汁保持微沸状即可。

任务2　火锅厅概述

火锅厅是专门为宾客提供火锅菜肴、点心、饮料和服务的场所（见图 1-1）。

图 1-1　火锅厅

1.2.1 火锅厅的特点

1) 火锅厅的装修风格

火锅厅室内设计装饰应突出餐食特色，其风格各不相同。有清、奇、古、雅的中式古典风格，有时尚、简洁、明快的现代派风格，还有巴渝风情浓郁、体现码头文化的草根风格等（见图 1-2 和图 1-3）。

图 1-2　火锅厅装修风格 1　　　　　　　图 1-3　火锅厅装修风格 2

2) 火锅厅的餐具选用

火锅厅选用的餐具应具有一定的特色，档次和规格不一的瓷质、陶质制品，包括骨碟、油碟、汤碗、汤勺，木制或竹制的筷子，以及火锅专用筷等均可，体现出重庆火锅的特色。另外，档次较高的餐厅也可选用银制餐具或镀金餐具。

3) 火锅厅的供应品种

目前，重庆的火锅厅主要供应体现发源地特色的菜品，如毛肚、鸭肠等。近年来，重庆火锅在全国各地遍地开花，并结合当地人的需要开发了新菜品。

1.2.2 火锅厅的布置

火锅厅的布置，包括餐厅的门面（出入口）、餐厅的空间、座席空间、光线、色调、音响、空气调节、餐桌椅标准，以及餐厅中客人与员工动线设计等内容。

1) 火锅厅的门面设计

目前，火锅厅在门面设计与布置上摆脱了以往的封闭式布置，改为开放式布置，使人们一看就能感受到厅内的用餐环境。同时，注重展示窗的布置，招牌文字力求醒目和简明。

2) 火锅厅的空间设计

火锅厅的空间设计应根据厅堂的大小决定。由于火锅厅各职能部门对所占空间的需要不同，因此在进行整个空间的设计规划时，要求统筹兼顾，合理安排。既要考虑到客人的安全性与便利性，营业各环节的机能、实用效果等诸因素；又要注意全局与部分之间的和谐、均匀、对称，体现出浓郁的风格情调，使客人一进餐厅在视觉和感觉上都能强烈地感受到形式美与艺术美，得到美的享受。

通常情况下，火锅厅的空间设计包括 4 个方面。

①就餐空间：包括通道、走廊、座位等。

②管理空间：包括服务台、办公室等。

③调理空间：包括配餐间、主厨房、冷藏保管室等。

④公共空间：包括洗手间、休息区、候餐区等。

3）火锅厅的动线设计

火锅厅动线是指客人、服务员、食品与器物在厅内的流动方向和路线，其基本设计要求如下（见图 1-4、图 1-5、图 1-6）：

图 1-4　火锅厅的动线设计 1　　　　　图 1-5　火锅厅的动线设计 2

（1）客人动线

客人动线应以从大门到座位之间的通道畅通无阻为基本要求。一般来说，餐厅中客人的动线以直线为好，避免迂回绕道。因为任何不必要的迂回曲折都会使人产生一种人流混乱的感觉，影响或干扰客人进餐的情绪和食欲，所以餐厅中客人的流通通道要尽可能宽畅，动线以一个基点为准。

（2）服务人员动线

餐厅中服务人员的动线长度对工作效益有直接的影响，原则上越短越好。在服务人员动线安排中，注意一个方向的道路作业动线不要太集中，尽可能除去不必要的曲折。可以考虑设置一个"区域服务台"，既可存放餐具，又有助于服务人员缩短行走路线。

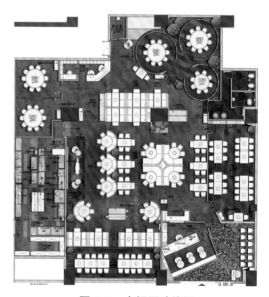

图 1-6　火锅厅动线图

4）火锅厅的光线与色调

大部分火锅厅设立于邻近路旁的地方，多以窗代墙，也有些火锅厅设在高层楼房之中，同样以窗代墙。这种充分采用自然光线的餐厅，一方面，使客人能享受到自然阳光的舒适；另一方面，能产生一种明亮宽敞的感觉，使客人心情舒展而乐于饮食。

火锅厅入口照明的目的是使客人能看清招牌，吸引其注意力。它的高度以建筑物的高低相适应，光线以柔和为主，以使客人感觉舒适为宜。

火锅厅走廊照明方面，如遇拐弯和梯口，应配置灯光。长走廊每隔 6 米左右装一盏灯。如遇角落区有电话或储物，要采取局部照明法。

餐厅光线与色调的配置要结合季节来确定，或依火锅厅的主题确定。无论确定哪一种光线与色调，都是为了充分发挥餐厅的作用，以获取更多的利润和给客人更大的满足。

5）空气调节系统

由于客人来到火锅厅，希望能在一个四季如春的舒适空间就餐，因此室内空气质量温度的高低与餐厅的经营成败紧密相连。餐厅的空气调节也受地理位置、季节、空间大小、室外温度等因素的影响。

6）音响设施

火锅厅根据营业需要，在开业前就应考虑到音响设施的配置。音响设施既包括背景音乐设备，也包括乐器和乐队。在营业时可播放轻松愉快的乐曲，也可以播放乐队演奏或由歌星献艺，还可以让客人自娱自唱。因此，火锅厅应根据实际需要配备相应的音响设施。

任务3 火锅服务概述

火锅服务是火锅厅服务人员为就餐客人提供锅底、菜品、酒水等食物所需的一系列行为的总和，可分为直接对客的前台服务和间接对客的后台服务两种。

1.3.1 火锅服务的特点

火锅服务的特点如下：

1）无形性

火锅服务与其他任何服务一样，不能够量化。火锅服务的无形性是指就餐客人只有在购买并享用餐饮产品后，才能凭借其生理与心理满足程度来评估服务的优劣。

2）一次性

火锅服务的一次性是指火锅服务只能当次享用，过时则不能再使用。这就要求火锅企业接待好每一位客人。只有提高每一位就餐客人的满意程度，才能使他们成为"回头客"。

3）同步性

火锅服务的同步性是指火锅产品的生产、销售、消费几乎同步进行，即企业的生产过程就是客人的消费过程。这就要求火锅企业既要注重产品生产的质量和服务过程，又要重视就餐环境。

4）差异性

火锅服务的差异性主要表现在两个方面：一方面，不同的服务员由于年龄、性别、性格、受教育程度及工作经历的差异，他们为客人提供的服务不尽相同；另一方面，同一服务员在不同的场合、不同的时间，其服务态度、服务效果等也有一定的差异。这就要求火锅企业制定服务标准，加强对服务员的培训，以及对服务过程的监督和控制。

1.3.2　火锅服务方式

1）餐桌式火锅服务

餐桌式火锅服务是传统的火锅服务方式，这种服务方式适用于经营传统火锅厅。在这种服务方式中，顾客坐在餐桌旁，等待服务员到餐桌旁提供点菜、上锅底、上菜、斟酒水等服务。享受餐桌服务的顾客通常不仅是为了用餐，还有其他的用餐目的。例如，商务的答谢，欢迎和欢送，个人和家庭的宴请、休闲和聊天等活动。

餐桌式火锅服务注重服务程序和礼节礼貌，有一定的服务表演内容，如现调肉丸、鸡蛋滑牛肉、鸡蛋滑牛肝等菜品，以吸引客人的注意力。这种服务方式细致周到，能让每位客人都得到充分的照顾（图1-7）。

图 1-7　介绍菜品

2）自助式火锅服务

自助式火锅服务是服务员或厨师先将准备好的和制作好的菜肴摆在餐台上，顾客到餐台前自己动手选择符合自己口味的菜点，然后拿到餐桌上煮食的服务方式。采用这种用餐方式的火锅称为自助式火锅。经营自助式火锅的餐厅也可用传送带循环为客人提供新鲜食材，客人在传送带上自由选取喜欢的食材享用。在这种服务方式中，餐厅服务员的工作主要是餐前布置，餐中撤掉用过的餐具和酒杯，补充餐台上的菜肴等（图1-8）。

图1-8　自助式

1.3.3　火锅订餐方式

1）互联网订餐

随着移动互联网时代的到来，手机点餐、电子点餐逐渐成为餐饮业信息化的趋势。互联网可以为用户提供在线点餐、定制菜单、在餐厅进行点餐付费等服务，为消费者打造更良好的消费环境，构建更快捷的消费体验，同时也为餐厅经营者提供便利的数据统计服务。

2）电话订餐

电话订餐是一种非常普遍也很实用的方式，主要用于小型宴会预订。在电话中，订餐者必须讲清楚单位名称、人数、标准和到达时间。如有其他特殊要求和问题，也须一并提出。

3）到店订餐

到店订餐是指订餐者通过与酒店预订员或宴会销售员进行面对面的交谈，充分了解酒店举办宴会的各种基本条件和优势，洽谈举办宴会的一些细节问题，酒店则解决订餐者提出的一些特殊要求。面谈可以增进酒店和订餐者彼此之间的信任和了解，有利于达成一致意见。

实训　火锅服务基本内容掌握

【实训要求】

认真观看视频，注重感受各地火锅和火锅服务的区别。

【实训内容与操作标准】

1.火锅种类视频欣赏

①放映火锅种类视频。

②教师略做讲解、提示，学生观看。

③学生分组讨论火锅的种类。

2.火锅厅视频欣赏

①放映火锅厅视频。

②教师略做讲解、提示，学生观看。

③学生分组讨论火锅厅的多种设计。

3.火锅服务动态视频欣赏

①放映火锅服务动态视频。

②教师略作讲解、提示，学生观看。

③学生分组讨论火锅服务的方式。

【训练评价】

表 1-2　训练评价表

班级：　　　　　　　组别：　　　　　　　　学号：　　　　　　　　　姓名：

序　号	评价内容	评分标准	配　分	扣　分	得　分
1	火锅种类	能描述火锅的种类	25		
2	火锅的特点	能描述火锅的特点	25		
3	火锅厅的布置	能描述火锅厅设计的原则	25		
4	火锅服务的特点	能描述火锅服务的特点	25		
合　计			100		

 思 考 题

1.重庆火锅的特点有哪些？

2.火锅的食用技巧有哪些？

3.火锅服务的特点是什么？

4.火锅服务有哪几种方式？

項目 **②**

火锅企业组织机构职能

【教学目标】

知识目标

了解火锅企业机构设置原则、常见的火锅企业组织形态及员工岗位职责。

能力目标

能正确掌握火锅企业各部门的主要任务和各层级员工岗位职责。

素养目标

火锅企业服务员能够正确认识火锅服务企业机构的职能和岗位职责，从而增加对本职工作的热爱之情。

任务1 **火锅企业组织机构职能**

2.1.1 火锅企业组织机构设置原则

1）目标一致原则

任何一个组织都有其特定的目标，组织中的每一部分都应与既定的组织目标相关，否则，它就没有存在的意义。组织中的每一个机构都有自己的分目标来支持总目标的实现，而这些分目标又成为对机构进行进一步细分的依据。目标层层分解，机构层层建立，直到每一个成员都了解自己在总目标的实现中应完成的任务。这样就建立起一个有机的组织整体，为保证组织目标的实现奠定了良好的基础。

2）分工协作原则

组织目标的实现要靠组织全体成员共同努力，这就要求组织必须坚持分工协作原则，把组织目标进行分解，然后落实到各部门、各层次和各成员，这就是分工。分工就是规定各部门、各层次和各成员的工作内容、工作范围。协作就是要规定各部门、各层次和各岗位之间的关系，协调配合的方法。如果组织内部各组成部分不能协调一致，相互间的力量就会被削弱和抵消。

3）保障效率原则

①不因人设岗。

②不设可有可无的位置。

③管理人数不宜过多。

④尽量减少层次，以利于信息的快速传达。

4）统一指挥原则

每位员工只接受一位上级领导的指挥，避免多头管理。

5）授权明确原则

管理者在给下级授权时，必须明确规定下级的职责范围和权限。

6）权责相等原则

要求各级管理人员责任明确，其拥有的权力能够保证其承担的任务得以顺利完成，权责分配不应影响各级管理人员之间的协调与配合。

2.1.2　常见的火锅企业组织结构

1）加盟连锁型火锅企业

（1）加盟连锁型

火锅企业的组织结构。

①第一层级。

第一层级即总经理。

②第二层级。

第二层级即研发中心、市场部、配送中心、财务部、营运部、行政部、督察部、人力资源部。

③第三层级。

第三层级即市场部的选址，施工、维修，装修设计人员；配送中心的采购，物流、仓储和生产人员；营运部的直营营运，产品销售和加盟营运人员；行政部的企划和平面设计人员；督察部的督导员；人力资源部的人事和培训中心人员（见图2-1）。

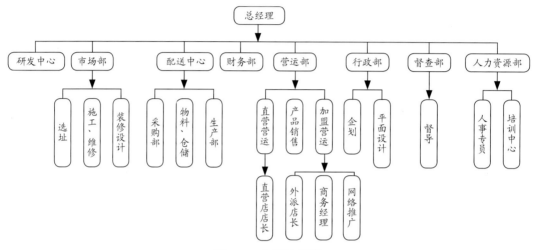

图 2-1　加盟连锁型

（2）加盟连锁型火锅企业组织部门的主要任务

市场部负责选址，施工、维修，装修设计工作；配送中心负责采购、物流和仓储工作；营运部负责直营营运、产品销售和加盟营运；行政部负责企划和平面设计；督察部负责全面督导；财务部负责财务及成本核算；人力资源部负责人事和培训工作。

2）单店火锅企业

（1）单店火锅企业的组织结构

单店火锅企业一般采用经理、主管、领班及服务员四级管理体制（见图2-2）。

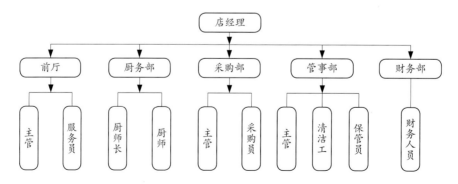

图 2-2　单店火锅企业人员架构图

（2）单店火锅企业组织部门主要任务

①店经理。

店经理负责全店的全面工作，包括运营管理、人员培训、财务管理等工作，对全店运营负全部责任。

②前厅（前厅主管和前厅服务员）。

前厅接受宾客的委托，组织各种类型的零餐火锅、团队包餐火锅和宴会火锅活动。其工作任务是掌握好市场需求、合理制作火锅餐厅菜单，加大火锅餐饮推销力度、增加营业收入，以及控制火锅店餐饮成本从而提高盈利水平。

③厨务部（厨师长和厨师）。

厨务部负责整个火锅店的菜品、菜点的准备和烹制工作，其工作目标是切配和烹制出各种火锅汤料、菜品和点心，以满足不同宾客的需求。

④采购部员工（主管和采购员）。

采购部是火锅店的物资供应部门，负责根据实际需要以最有利的采购价格按时、保质、保量地为火锅企业采购所需的物品。采购部需要编制采购计划，组织火锅原材料等物品的采购工作，做好原材料进货的验收、库存与发放工作。

⑤管事部（主管、清洁工和保管员）。

管事部负责厨房、餐厅、酒吧等处的清洁卫生，以及所有餐具、器皿的洗涤、消毒、存放、保管和控制工作。

⑥财务部（财务人员）。

财务部负责编制财务计划，做好经济核算，控制成本费用，加强财务分析，提供决策参考。

任务2　火锅餐厅员工岗位职责

2.2.1　火锅餐厅服务员

1）职务名称

火锅餐厅服务员。

2）直接上级

领班。

3）岗位职责

①接受领班分配的服务工作，向顾客提供优质服务。

②负责开餐前的准备工作。

③爱护火锅厅设施设备，对其实施保养、清洁。

④搞好营业前后的卫生工作，保持火锅厅环境整洁，确保餐具清洁、完好。

⑤保证各种用品、调料的清洁和充足。

⑥了解每餐顾客预订和桌位安排情况，为顾客提供周到的服务。

⑦严格按照火锅厅规定的服务程序和服务规格服务。

⑧熟悉菜单上所有品种的名称、单价，掌握菜品、饮料知识和服务操作技巧。

⑨热情接待每一位顾客。

⑩接受顾客点菜、点酒水的服务要求，根据顾客的口味，帮助顾客选择。

⑪随时注意查看菜肴和酒水质量，杜绝将不合格的菜肴和酒水提供给顾客。

⑫将顾客的要求传递给厨房。

⑬通过礼貌接待、机敏而富于知识性的交谈，与顾客保持良好的关系。

⑭能迅速、有效地处理各类突发事件。

⑮了解顾客所携带的物品，餐后提醒顾客记得带回。

⑯及时补充火锅厅内的各种餐具，以备急用。

⑰主动征询顾客对菜品、锅底质量和服务质量的意见与建议。

⑱保持个人身体健康和清洁卫生。

⑲做好安全保卫、节电节水工作。关门前检查门窗，水、电、气、空调、音响开关是否关闭。

⑳发扬互助互爱精神，员工之间加强团结，沟通谅解，共同做好服务接待工作。

㉑了解和执行火锅厅的规章制度。

2.2.2　火锅餐厅领班岗位职责

1）职务名称

火锅餐厅领班。

2）直接上级

主管。

3）岗位职责

①对餐厅主管负责，执行主管的工作指令并向其汇报工作。

②负责现场管理和督导所属区域员工工作，以身作则，带领员工按餐厅服务工作规范和质量要求做好本区域清洁卫生及接待服务工作。

③现场检查、督导服务人员的礼节礼貌、仪表仪容、考勤考纪、个人卫生等方面的工

作质量，以及开餐的准备工作情况。

④熟练掌握零餐、宴会服务程序和操作规范，在餐中随时协助服务员完成工作，对发现的问题予以及时纠正、指导。

⑤熟练掌握餐厅服务项目的详细情况，带领本区员工做好酒水菜品的推销工作，协助处理疑难问题。

⑥负责相关区域物料用品的领用、发放和耗损工作，定期检查和清点本区域内各种设备、财产、物品，保证其完好无损。

⑦协助主管开好班前例会和营业碰头会，合理分配员工工作，做到定区、定人、定岗、定责。吃苦耐劳，关心员工思想和生活状况，发挥带头作用，树立良好榜样。

⑧执行落实班前会制度。

a. 传达上级工作指令及质量要求，总结服务工作中的不足和违纪现象，表扬先进，纠正不足，上报奖惩决定。

b. 检查员工的仪容仪表、考勤纪律。

c. 预订通报，做好菜肴培训及工作安排。

d. 上传下达，协调部门班组和员工之间的关系，使其配合默契，团结一致。

⑨接受并协助主管的培训工作，带领员工不断提高业务技能综合素质。

⑩布草的送洗要及时到位，发、放、保管要数数相符。

⑪完成上级交办的其他工作。

2.2.3　火锅餐厅主管

1）职务名称

火锅餐厅主管。

2）直接上级

经理。

3）岗位职责

①负责餐厅的日常管理工作，与厨房保持密切联系，确保餐厅的服务质量，直接对餐厅经理负责。

②出席每周的业务会，汇报本餐厅工作，向员工传达会议精神。

③检查工作。每日检查设备、家具、餐具的摆设及完好情况，检查服务用品及清洁卫生，检查库存物资，检查员工仪容仪表。

④主持每日餐前会，安排当天的服务工作。

⑤从厨房了解当天的菜品情况，布置当天的重点推销菜。

⑥签领食物、材料。

⑦妥善处理客人投诉和质询。

⑧做好员工考勤工作、评估工作。

⑨做好餐厅的财产管理工作。

⑩负责员工的培训工作。

2.2.4　火锅餐厅经理岗位职责

1）职务名称

火锅餐厅经理。

2）直接上级

股东会。

3）岗位职责

①全面负责火锅餐厅的行政经营管理工作，负责各部门的协调和各项工作的组织与安排。

②根据国家有关部门和上级主管部门的规定，依照餐厅实际情况，制定餐厅的各项安全制度与各种防范措施，并监督落实。

③严格执行管理制度，为本店全体员工做好表率，监督下属严格执行火锅餐厅的各项规章制度，健全和完善相应的工作细则。

④做好员工思想教育工作，激励下属，创造和谐的工作环境和气氛，增强员工的归属感和责任感。

⑤严格控制人员编制、临时用工和劳动成本，监督和检查出勤和人力调配情况，使火锅店工作达到满负荷、高效率运行状态。

⑥考核评估并有计划地对员工实行在岗培训，不断提高其业务能力和综合素质。

⑦接受并妥善处理顾客投诉，负责接待重要客人。主动征求顾客意见和建议，汇总后上报股东会。

⑧处理火锅店中的一切突发事件，抓好防火、防盗、防食品中毒、防自然灾害的管理工作，确保餐厅经营顺利，软硬件质量可靠。

⑨审批本店财务预算、决算，严格控制成本费用和进货价格，把握好各个环节，提高经济效益。

⑩审批签署本店的报销单、申购单、进货单等一些需要审核的单据。

⑪负责拟订各大节假日的营销活动计划报股东会审核，再组织具体实施工作。

⑫关心员工生活，主动定期与不定期地与员工沟通。

实训 火锅企业员工岗位职责的掌握

【实训要求】

到企业实地参观，注重观察火锅企业服务员和管理人员的岗位职责及工作要求。

【实训内容与操作标准】

①教师带学生到火锅企业实地参观，了解企业组织结构。

②了解该企业服务员岗位职责。

③了解该企业主管岗位职责。

④了解该企业经理岗位职责。

⑤教师讲解、提示，学生观察。

⑥学生分组讨论企业组织结构和岗位职责。

【训练评价】

表 2-1　训练评价表

班级：　　　　　　组别：　　　　　　学号：　　　　　　姓名：

序　号	评价内容	评分标准	配　分	扣　分	得　分
1	火锅企业组织结构	能描述火锅企业的组织结构	25		
2	火锅企业服务员岗位职责	能描述火锅企业服务员岗位职责	25		
3	火锅企业主管岗位职责	能描述火锅企业主管岗位职责	25		
4	火锅企业经理岗位职责	能描述火锅企业经理岗位职责	25		
合　计			100		

1. 火锅企业组织机构设置原则有哪些？

2. 火锅餐厅服务员的岗位职责是什么？

3. 火锅餐厅领班的岗位职责是什么？

项目 **3**

火锅服务从业人员的素质要求

任务1　火锅服务从业人员的职业道德要求

　　如今，人才资源已成为企业竞争的焦点，火锅服务行业要求从业人员在加强自身素质和提高服务技能的同时，必须遵守相应的行为规范和行为准则，也就是火锅服务从业人员的职业道德要求。

3.1.1　火锅从业人员的职业道德要求

职业道德有如下作用：

①有助于企业形成良好的形象。

②有利于从业人员改善服务态度和提高服务质量。

③促使员工在工作和生活中不断地自我完善。

④提高服务人员队伍的素质。

职业道德是员工职业生活的指南，它指导员工在具体的职业岗位上，确立目标，形成正确的人生观和职业理想，养成良好的道德品质。当员工确立了相应的职业道德观念，并将它变成自己的信念、义务和荣誉感，形成高度的思想觉悟和精神境界时，就能正确地认识和处理个人与同事、个人与企业、个人与客人、企业与客人之间的利益关系，在自己的岗位上尽职尽力地工作，履行自己应尽的职业义务，正确行使自己的权利，承担自己的责任，为客人提供有本企业特色的优质服务。同时，遵守职业道德规范，能够形成一种良好的社会关系和企业形象。可见，一个员工在餐饮企业工作中学习、培养和锻炼各种优良品质，形成高尚的职业理想和情操，于企业、于个人都具有十分重要的意义。

3.1.2　职业道德的主要规范

1）热情友好，宾客至上

这是餐饮服务员最有特色、最根本的职业道德规范。它既继承了"有朋自远方来，不亦乐乎"的传统，又赋予了时代的新内容：客源是企业的生命线，唯有热情友好、宾客至上，才能保证客源。因此，应正确认识社会分工，想客人所想，急客人所急，把客人的需求当作餐饮服务员的第一需要，树立敬业、乐业的思想。

2）真诚公道，信誉第一

这是处理主客关系实际利益的重要准则。古人说："诚招天下客，誉从信中来。"有了真诚，才有顾客；有了顾客，才有企业的兴旺；有了企业的兴旺，也才会有企业的效益。

3）文明礼貌，优质服务

这是餐饮从业人员实施职业道德规范最重要的准则。礼貌待客，使所有客人时时、处处、事事都感到真诚的友善、需求的满足、周到的服务。没有优质的服务，餐饮服务工作也就失去了最基本的内容。因此，它还是衡量餐饮服务质量高低最重要的一项标准。

4）相互协作，顾全大局

这是正确处理同事之间、部门之间、企业之间、行业之间利益，以及局部利益和整体

利益、眼前利益和长远利益等相互关系的重要准则。

5）遵纪守法，廉洁奉公

这是正确处理公私关系（包括个人与集体、个人与社会、个人与国家）的一种行为准则。它既是法律规范的需要，又是道德规范的需要。

6）钻研业务，提高技能

这是各种职业道德的共同性规范。它把岗位职责从业务的范畴上升到道德范畴，显示出质的飞跃。古人说："工欲善其事，必先利其器。""器"就是服务人员将愿望变成现实，将优质服务变成行动的手段。这手段就是过硬的技能、丰富的知识和精湛的技艺。

任务2　火锅服务从业人员的素质要求

随着竞争的日趋激烈和消费者自我保护意识的增强，宾客对火锅服务质量的要求越来越高，而火锅服务质量的提高又有赖于高素质的员工。因此，火锅从业人员应树立正确的观念与意识，改善服务态度，不断更新本职工作所需的知识，提高管理能力与服务能力，从而提高火锅服务质量。火锅服务从业人员的素质要求主要有 5 个方面。

3.2.1　基本素质要求

1）身体健康

火锅服务从业人员必须身体健康，应定期体检，取得卫生防疫部门核发的健康证。如患有不适宜从事火锅服务工作的疾病，应调离岗位。

2）体格健壮

火锅服务工作的劳动强度较大，火锅餐厅服务人员站立、行走、托盘等工作需要其具有一定的腿力、臂力和腰力。因此，火锅服务从业人员必须要有健壮的体格，才能胜任工作。

3.2.2　服务礼仪

1）仪容仪表要求

（1）统一制服的作用

①可以让客人很容易地辨识并寻求帮助。

②可以增强员工的自信，使其立即进入工作状态，从而提高工作效率。

③满足员工安全、卫生及操作方便的需求。

④可以使员工专注于工作，避免因穿自己衣服而攀比。

⑤统一穿制服是企业专业形象的象征之一。

（2）着装要求

①工作服。穿着西式制服时，领圈、袖头不外露。衬衣的袖口长出外套2厘米左右，领口长出外套部分须与袖口一致，衬衣下摆不可掉出裤、裙、腰外。

a. 工作中不能卷起工作服袖口。

b. 不能在工作区域以外穿着工作服。

c. 不将工作服与私人衣物混穿。

d. 工作服及时换洗，保持整洁无皱褶。

②领带／领结。

a. 领带／领结系在衬衣领口中心位置，领带末端长度以盖及皮带扣为宜，领结不可歪斜。

b. 若使用领带夹，宜将领带夹于衬衫的第四颗纽扣与第五颗纽扣之间。

c. 佩戴整齐，无任何污点或斑点。

③工作名牌（工牌）。

a. 工作区域应佩戴自己的工牌。

b. 工牌应佩戴在制服的左边，心脏的上侧（统一位置）。

c. 工牌应佩戴整齐，不可歪斜，无污点或损坏。

④工作鞋袜。

a. 餐饮行业工作鞋一般为黑色系，可以是布鞋或者皮鞋，以式样简单为好。

b. 工作鞋应干净、无破损保持光泽。

c. 鞋带应系好，不可松松垮垮。女员工鞋跟不高于4.5厘米。

d. 男员工穿深色袜子，女员工穿肉色长筒丝袜。

e. 袜子应保持干净，不脱丝，不开线，无破洞。

f. 袜子要每日更换，以保证没有异味。

（3）仪容要求

①发型。

a. 要勤洗头、勤理发，头发保持干净、整洁、无头屑、无异味，发型美观大方，保持专业形象。

b. 女员工头发不遮挡面部和耳部，如有刘海，应以不遮挡眉毛为宜。留长发的，当班时应将头发束起或盘起。

c. 男员工发长后不过领，侧不过耳。

d. 如有染发，头发颜色不夸张。

②面部。

a.应每天清洗面部,保持皮肤干净、整洁,无油腻,无异味。

b.女员工应化淡妆,使用红色系的唇膏,饭后要补妆。

c.男员工应每天修面,保持面部清洁,鼻毛不外露。

③手的要求。

a.应勤洗手,随时保持手部清洁卫生。

b.勤剪指甲,不涂有颜色的指甲油。

④口腔卫生。

a.保持口腔卫生,每天刷牙,饭后漱口,注意防止口臭。

b.上班前避免吃带有强烈刺激味道的食物,如葱、蒜、韭菜、芹菜等。

c.饭后照镜子,防止牙齿上黏菜叶,防止口角有白沫。

d.上班前不喝酒,不饮用含酒精的饮料。

2)仪态要求

(1)站姿

优美、典雅的站姿是发展人的不同质感美、动态美的起点和基础,能衬托一个人美好的气质和风度。

站姿动作要领如下:

①抬头、挺胸、收腹、提臀,下颚略为回收,两腿肌肉收紧直立,身体舒展、双肩放松。双手轻松自然地搭在小腹偏上(靠近肚脐)位置,虎口相对、交叉相握,右手在上、左手在下。

②精神饱满,面带微笑,双目平视,目光柔和有神,自然亲切。

③女性站立时,两脚尖略展开。迎宾站姿:左脚在前,且后跟靠近右脚内侧前端,重心可于两脚上,也可于一只脚上;脚跟相靠,脚尖分开约45°,呈"丁"字形。其他员工站姿呈"V"字形。

④男性站立时,双臂可下垂于身体两侧或右手轻握左手四指放于体后;双脚分开站立距离与肩同宽。

⑤站立时间较长时,可使身体重心偏移到左脚或右脚,使其中一条腿肌肉放松。

(2)走姿

"行走"是人的基本动作之一,最能体现出一个人的精神面貌和气质。行走姿态的好坏可以反映人的内心境界和文化素养的高下,能够展现出一个人的风度、风采和韵味。如走姿大方得体、灵活,能给客人以一种动态美。

①走姿动作要领如下:

a.走路使用腰力,身体重心宜稍向前倾。

b.跨步均匀，速度适中。以一分钟为单位，男员工每分钟走110步，步距以40厘米左右为宜；女员工每分钟走120步，步距以35厘米左右为宜。步伐要轻稳健美，步履轻快，行如和风。

c.女性穿裙子或旗袍时，行走的轨迹为一条直线，使裙子或旗袍的下摆与脚的动作协调，呈现优美的韵律感；男性行走时，行走轨迹为两条平行线。

d.出脚和落脚时，脚尖、脚跟应与前进方向保持一条直线，避免"内八字"或"外八字"。

e.两手自然张开，前后自然协调摆动，手臂与身体的夹角一般在15°～30°，由大臂带动小臂摆动，肘关节只可微曲。

f.上下楼梯，应保持上体正直，脚步轻盈平稳，尽量少用眼睛看楼梯，最好不要手扶栏杆。

②工作要点如下：

a.员工在店内行走一般靠右侧，不走中间。与客人同走时，宾客先行（迎宾及接待员引领客人除外）。宾客从对面走过来时，应减缓步速。遇通道比较狭窄时，服务员应主动停下来靠在通道右侧，让宾客通过，同时面对宾客微笑问好。

b.与客人同行至门前时，应主动开门，让他们先行，不能抢先而行。

c.与客人上下电梯时应主动开门，让他们先上或先下。

d.遇有急事或手提重物需超越行走在前的客人时，应先表示歉意，再加快步伐超越。

（3）手势

①为客人指引方向时的手势。为客人指示方向时，使用右手，手臂伸直，手心朝上，大拇指自然张开，其他四指自然并拢，以肘关节为轴指向目标。眼睛要看着目标，并兼顾对方是否看到指示的目标。在介绍或指示方向时，切忌用一只手指来指指点点。手势不宜过多，动作不宜过大，要给人一种优雅、含蓄而彬彬有礼的感觉。

②"请坐/请慢用"的手势。接待顾客并请其入座时采用"斜摆式"手势，即用双手扶椅背将椅子拉出，然后左手或右手屈臂由前抬起，以肘关节为轴，前臂由上向下摆动，使手臂向下成一斜线，表示请来宾入座，并说"请这边坐"。

③招手、挥手的手势。向远距离的客人打招呼时，应面带微笑。伸出右手，右胳膊伸直高举，手的高度以在肩部上下为宜；手指伸直，大臂与上体的夹角在30°左右，掌心朝着对方，轻轻摆动。

（4）握手

①手要洁净、干燥和温暖，先问候再握手。

②要面带微笑，注视并问候对方，同时伸出右手。手掌呈垂直状态，五指并用，握手时间要短，一般为3～5秒。握手时用力要适度，不可过轻或过重。与女士握手可适当轻些，但也不宜太轻，否则显得不够热情。

③上、下级之间，上级先伸手；年长与年轻者之间，年轻者先伸手；男士、女士之间，女士先伸手。

④若戴手套，先脱手套再握手。在室内不可戴帽与客人握手。

（5）鞠躬

①餐饮行业一般行15°鞠躬礼（视线由对方脸上落至自己的脚前1.5米处），头和身体自然前倾。

②鞠躬时目视对方，双手合起放在身体前面，伸直腰，脚跟靠拢，双脚处微微分开。然后，由腰开始上身向前弯曲，弯腰低头速度适中，之后抬头直腰。

（6）表情

①微笑时应给人一种发自内心的感觉，力求和颜悦色、轻松自然，给人以亲切感。

②目光接触是能体现对人的尊重的一种行为。目光是心灵的窗户，应带着热情、真诚、友好，自然地看着对方脸部的"三角区"（时间以3~5秒为宜），这样比较自然，显得有礼貌。

3）语言要求

（1）礼貌用语的基本要求

①要用尊称，态度平稳。

②语言文雅、简练、明确。

③说话要婉转热情。

④说话要讲究语言艺术，力求语言优美、声音婉转悦耳。

⑤与宾客讲话要注意举止表情。

（2）服务语言的要求

①"三轻"：走路轻，说话轻，操作轻。

②不计较：不计较宾客不美的语言，不计较宾客急躁的态度，不计较个别宾客无理的要求。

③四勤：嘴勤、眼勤、腿勤、手勤。

④四不讲：不讲粗话，不讲脏话，不讲讽刺话，不讲与服务无关的话。

3.2.3 专业素质要求

1）服务态度要求

服务态度是指火锅服务从业人员在对服务过程中体现出来的主观意向和心理状态，其好坏直接影响顾客的心理感受。服务态度取决于员工的主动性、创造性、积极性、责任感和素质的高低。其具体要求如下：

（1）主动

火锅服务从业人员应牢固树立"宾客至上，服务第一"的专业意识，在服务工作中，应时时处处为宾客着想，表现出一种主动、积极的情绪，凡是宾客需要，不分分内、分外，发现后即应主动、及时地予以解决，做到眼勤、口勤、手勤、脚勤、心勤，把服务工作做在客人开口之前。

（2）热情

火锅服务从业人员在服务工作中应热爱本职工作，热爱自己的服务对象，做到面带微笑，端庄稳重，语言亲切，精神饱满，诚恳待人，具有助人为乐的精神，处处热情待客。

（3）耐心

火锅服务从业人员在为各种不同类型的顾客服务时，应有耐性，不急躁，不厌烦，态度和蔼。火锅服务从业人员应善于揣摩顾客的消费心理，对顾客提出的所有问题，都应耐心解答，能虚心听取顾客的意见和建议。与顾客发生矛盾时，应尊重顾客，有较强的自律能力，做到心平气和，耐心说服。

（4）周到

火锅服务从业人员应将服务工作做得细致入微，面面俱到，周密妥帖。在服务前，服务人员应做好充分的准备工作；在服务时，应仔细观察，及时发现并满足顾客的服务需求；在服务结束时，应认真征求顾客的意见或建议并及时反馈，以便将服务工作做得更好。

2）服务知识要求

火锅服务从业人员应具有较广的知识面，具体内容如下：

（1）基础知识

掌握服务心理学、外语知识，遵守员工守则、职业道德，懂得接待礼仪、餐厅安全与卫生等知识。

（2）专业知识

掌握火锅菜肴酒水知识、锅底汤料知识、菜肴烫煮技巧、员工岗位职责，火锅服务程序、设施设备的使用与保养技巧，能运用流转表单、沟通技巧，遵守管理制度。

（3）相关知识

掌握一定的宗教、哲学、美学、文学、艺术、法律、习俗礼仪，本地及周边地区的旅游景点和交通等知识。

3）职业能力要求

（1）语言能力

语言是人与人沟通、交流的工具。火锅行业的优质服务需要运用语言来实现。因此，火锅服务从业人员应具有较好的语言能力，要求做到：语言文明、礼貌、简明、清晰，提倡讲普通话，对客人提出的问题无法解答时，应耐心解释，不推诿，不应付。此外，服务人员还应掌握一定的外语口语能力。

（2）应变能力

由于火锅餐厅服务工作大都由员工通过手工劳动完成，而且顾客的需求多变，因此，在服务过程中，难免会出现一些突发事件，如顾客投诉、员工操作不当、顾客醉酒闹事、停电等。这就要求火锅服务从业人员必须具有灵活的应变能力，遇事冷静，及时应变，妥善处理，充分体现火锅店"顾客至上"的服务宗旨，尽量满足顾客的需求。

（3）推销能力

因为火锅产品的生产、销售及消费几乎是同步进行的，所以要求火锅服务从业人员必须根据顾客的爱好、习惯、消费能力和食用量灵活推销，以尽力提高顾客的消费水平，从而提高火锅店的经济效益。

（4）技术能力

火锅服务既是一门科学，又是一门艺术。技术能力是指火锅服务从业人员在提供服务时展现的技巧和能力，它不仅能提高工作效率，而且能保证火锅服务的规格标准。因此，要想做好火锅服务工作，必须掌握娴熟的服务技能，并灵活自如地加以运用。

（5）观察能力

火锅服务质量的好坏取决于顾客在享受服务后的生理和心理感受，即顾客需求的满足程度。这就要求火锅服务从业人员在对客服务时应具备敏锐的观察能力，随时关注顾客的需求并及时给予满足。

（6）记忆能力

火锅服务从业人员通过观察了解有关顾客需求的信息，除了应及时给予满足之外，还应加以记忆。当顾客下次光临时，服务人员即可提供有针对性的个性化服务，这无疑会提高顾客的满意程度。

（7）自律能力

自律能力是指火锅服务从业人员在工作过程中的自我控制能力。服务人员应遵守本店的员工守则等管理制度，明确知道何时、何地能够做什么，不能够做什么。

（8）服从与协作能力

服从是下属对上级的应尽责任。火锅服务从业人员应具有以服从上司命令为天职的组织纪律观念，对直接上司的指令应无条件服从并切实执行。与此同时，服务人员还必须服从顾客，对顾客提出的要求应给予满足，但应服从有度，即满足顾客符合传统道德观念、社会主义精神文明和法律规定的合理需求。

火锅服务从业人员礼仪训练

【实训要求】

掌握火锅从业人员的仪容仪表要求，养成良好的行为习惯，训练站姿、走姿和服务语言，提升专业素养。

【实训内容与操作标准】

1.仪容仪表要求

（1）教师讲解示范

要领：化淡妆，要求得体。头发干净，前不遮眉，后不过领。制服整洁干净，佩戴工号牌，穿黑色皮鞋，不佩戴首饰。

（2）学生分组练习

2.站姿训练

（1）教师讲解示范

动作要领：抬头、挺胸、收腹、提臀，下颚略为回收，两腿收紧直立，身体舒展、双肩放松。双手轻松自然地搭在小腹偏上（靠近肚脐）位置，虎口相对、交叉相握，右手在上、左手在下。精神饱满，面带微笑，双目平视，目光柔和有神，自然亲切。

（2）学生分组练习

3.走姿训练

（1）教师讲解示范

动作要领：走路使用腰力，身体重心宜稍向前倾。跨步均匀，速度适中。以一分钟为单位，男员工每分钟走110步，步距以40厘米左右为宜；女员工每分钟走120步，步距以35厘米左右为宜。两手自然张开，前后自然协调摆动，手臂与身体的夹角一般在15～30度，由大臂带动小臂摆动，肘关节只可微曲。

（2）学生分组练习

4.服务语言训练

（1）教师讲解示范

要领：要用尊称，态度平稳；语言文雅、简练、明确，说话要讲究语言艺术，婉转热情，同时注意举止表情。

（2）学生分组练习

【训练评价】

表 3-1　训练评价表

班级：　　　　　　组别：　　　　　　　学号：　　　　　　　　姓名：

序　号	评价内容	评分标准	配　分	扣　分	得　分
1	仪容仪表	统一的服装、发型、妆容	25		
2	站姿	姿势正确,动作规范到位	25		
3	走姿	姿势正确,动作规范到位	25		
4	服务语言	规范到位	25		
合　计			100		

1. 火锅服务从业人员的素质要求有哪些?

2. 火锅服务从业人员的职业能力要求有哪些?

火锅服务基本技能

【教学目标】

知识目标

　　了解火锅服务基本技能的内容及操作流程。

能力目标

　　能熟练掌握火锅服务中的托盘、摆台、斟酒、上菜的基本技能。

素养目标

　　养成良好的工作习惯，能在工作中灵活运用火锅服务基本技能为就餐顾客提供服务。

　　火锅服务基本技能是指从事火锅餐厅服务接待工作所必须掌握的技艺，包括托盘、摆台、斟酒、上菜等。

任务1　托　盘

　　托盘是餐厅服务员用来端送物品和对客服务的重要工具之一。

4.1.1　托盘在餐厅服务中的作用

　　①可以体现餐厅服务工作的规范化、专业化。

　　②是餐厅服务过程中讲究卫生、安全的保证。

③可以减少搬运餐饮物品的次数，提高工作效率和服务质量。

④是对客人的重视和礼貌待客的表现。

4.1.2　托盘的种类

1）按质地分类

金属制品、塑料制品、木制品、胶木制品。

2）按规格分类

大型、中型、小型。

4.1.3　托盘的使用方法

使用托盘服务可分为两种方法：一是轻托（也称胸前托），二是重托（也称肩上托）。

1）轻托

轻托是指托送比较轻的物品，或用于上菜、斟酒、撤换餐具等，一般所托物品质量为5千克左右。这是现在餐厅普遍采用的传递方式。

轻托的基本要领：轻托一般用左手。左臂自然弯曲成90°角，手肘离腰部约15厘米。掌心向上，五指分开，用大拇指的指端到掌根部位及其余四指的指端托住盘底，手掌自然形成凹形，掌心不得与盘底接触。将托盘托于胸前，略低于胸部，并注意左肘不要与腰部接触，重心始终落在掌心或掌心偏内侧的地方。

2）重托

重托是指托载比较重的菜点和物品时使用的方法，所托物品质量一般在10千克左右。一般是传菜员使用的传递方式，现在多使用推车。重托的基本要领是：左手向上弯曲，手肘离腰部15厘米，小臂与身体平行。掌略高于肩2厘米，五指自然分开，大拇指指心向左肩，其他四指左上分开，用五指和手掌掌握托盘的平衡力，使重心始终保持落在掌心或掌心稍里侧。

4.1.4　轻托的操作步骤

使用托盘端托时，从装物到卸盘整个过程分为5个步骤：理盘、装盘、托盘、行走、卸盘。

1）理盘

根据所托物品选择清洁合适的托盘，将托盘洗净、擦干。如果不是防滑托盘，还应在托盘内垫上洁净的垫布。

2）装盘

①原则：以质量分布均匀，安全稳妥，便于运送和取用为原则。

②要领：一般将把重物、较高的物品放在托盘里面，轻物、低矮的物品放在外面。先上桌的物品在上、在前，后上桌的物品在下、在后。

3）起托

起托时上身前倾，腰略弯，下蹲左脚朝前，侧身右手将装好物品的托盘从放置台上拉出 2/3，左手掌放在托盘底部，掌心不可接触托盘，起托时慢慢起身，将托盘托于胸前。调整重心，使托盘平稳托起后放下右手，确保托盘的安全、平稳。

4）行走

行走时头正肩平，收腹挺胸，目视前方，精力集中，脚步轻快稳健，姿势优美。随着步伐移动，托盘会在胸前自然摆动，以菜肴酒水不外溢为标准。

5）卸盘

到达目的地后，先将托盘前端平放在桌面，然后平推托盘使其完全置于桌 / 台面，再安全取出物品。取出物品时应由外及内、由上至下，始终掌握好重心。

4.1.5 轻托的注意事项

①端托姿势正确，保证托盘的平衡。行走时，步伐轻快、敏捷、自然、稳健，视野开阔、面带微笑。

②托盘时要量力而行，切忌贪多，以确保操作的安全。

③从托盘内取用物品时，要从两边交叉取拿，以保持托盘的平衡。

④托盘不可从客人头上越过，以免发生意外。

⑤每餐结束后，应将托盘清洗干净，以保证托盘的卫生。

任务2　摆　台

摆台就是在餐台上按照一定的顺序和规范摆放各种餐具的过程。摆台是餐厅服务工作中的一项基础技能，即为客人安排餐台和席位，并提供必要的就餐用具。

4.2.1 摆台的基本要求

①摆设的台面要清洁卫生。摆台所有物品、调料品，以及餐椅和其他各种装饰物品都

要符合卫生要求，以防污染。

②台面的设计要尊重客人的民族习惯和饮食习惯，符合待客的礼仪要求。

③根据就餐规格和形式设计台面，餐具、用具配套齐全。

④餐具摆放要有条理，各席位的餐具相对集中，整齐一致，席位之间有明显的空隙，既方便客人用餐，又便于餐间服务。

4.2.2 摆台程序

1）选择餐台

（1）选择餐台的原则

①要了解不同餐台的形状与规格。

②根据宾客就餐人数选择大小适宜的餐台。

（2）餐台的分类

餐台有圆形和方形两种。

圆形餐台的直径规格通常有160厘米、180厘米、200厘米等，方形餐台的规格有90厘米×90厘米、100厘米×100厘米、110厘米×100厘米等。由于每次用餐宾客的人数不同，因此在选用餐台的形状和大小时，应根据宾客的就餐人数选择大小适宜的餐台。通常情况下，4位宾客一般选择方形餐台，6人以上选用圆形餐台。

2）摆放餐椅

餐椅从第一主人位开始，按顺时针方向依次摆放，以餐椅椅座边沿刚好靠近餐台边缘为准，餐椅之间距离应均等。

3）餐具、酒具摆放的要求和顺序

（1）餐具、酒具摆放要求

①摆台操作前，应将双手进行清洗消毒，对所需要的餐具、酒具进行完好率检查，不得使用残破的餐具、酒具。

②餐具、酒具的摆放要相对集中，各种餐具、酒具要配套齐全。摆放时距离相等，图案、花纹要对正，做到整齐划一，符合规范标准。做到既清洁卫生，又具有艺术性；既方便顾客使用，又便于服务人员提供服务。

（2）餐具、酒具摆放端拖顺序

①第一托：餐碟、茶杯、筷子。

②第二托：公用餐碟、汤勺/漏勺、牙签桶、酱油/醋瓶、调味盐/味精瓶。

③第三托：根据客人需要摆酒具。

④第四托：烟灰缸（吸烟区）。

（3）餐具、酒具摆放的规则

①餐碟摆放及定位。将餐具码好放在垫好餐巾的托盘内（如果使用防滑托盘，可以不垫餐巾），左手端托盘，右手摆放。从正主人位开始按照顺时针方向依次摆放。碟与碟之间距离相等，碟边沿距桌边 1 厘米，花纹、图案朝上。

②摆茶杯。从主人位开始，顺时针方向绕台摆放，将茶杯反扣在餐碟中间，Logo 正对着客人。

③摆放公共碟、汤勺 / 漏勺、牙签筒。公用碟应放置在正、副主人位的正前，距离锅圈 4 厘米。牙签盅应摆在公用碟的左侧，与公用碟成一条直线。汤勺盖住漏勺放入公共餐碟内，勺柄向右，勺柄两两分开成 30° 角，距离锅圈 4 厘米。

④摆放酱油 / 醋瓶、调味盐 / 味精瓶。调味盐 / 味精瓶正对主人位，同牙签筒在一条直线上；酱油 / 醋瓶摆放在副主人位正前方，距离锅圈 4 厘米。

⑤摆酒具。葡萄酒杯在餐碟的正前方，杯底距餐碟 1 厘米，杯、碟、桌心在同一直线上；白酒杯摆在葡萄酒杯的右侧，水杯 / 饮料杯摆在葡萄酒杯的左侧，杯口与杯口距离 1 厘米，酒具的花纹要正对客人。摆放时，手取拿酒杯的杯柄或杯子下半部分 1/3 处，不可触碰杯口和杯身。

⑥摆放纸巾盒。摆放在主人位左边。

⑦摆放烟灰缸（吸烟区）。烟灰缸先后摆放在主人位与主宾位、副主人位与副主宾位之间，与餐碟同在一条圆弧线上、Logo 向上，正对着客人（方桌烟灰缸摆放在主宾位右侧）。

任务3　斟 酒

"酒水服务"是餐厅服务工作的重要内容之一。斟倒酒水技术动作正确、规范、快捷、优美，会给客人留下美好的印象。

4.3.1　斟酒前的准备工作和酒瓶开启

斟酒前的准备工作分为检查、示瓶、开瓶。

1）检查

①严格检查酒水的质量问题，如酒瓶有无破损，酒液是否满瓶，酒水里是否有悬浮物和沉淀、是否浑浊。

②用洁净的毛巾把酒瓶擦拭干净，尤其是夏天冰镇的酒。

a. 对罐装饮料，除了要检查其出厂日期，查看其是否已经过期外，还要检查罐底凹进部分是起否有凸起现象，如有凸起则表示罐内饮料已变质，不可让客人饮用。

b. 有外包装盒的酒水，应掂量一下是否是整瓶。

c. 根据顾客所点的酒水，准备好酒杯。

2）示酒

"示酒"是服务工作中不可忽视的重要环节。顾客选好酒水后，服务员在开瓶前应先"示酒"，请顾客确定此酒水或饮料的品牌，征得顾客同意后方可开瓶。

①站在点酒顾客的右侧，或副主人位和副主宾位身后（距离两椅背之间，左脚向前，呈"丁"字步）。

②左手托住瓶底，右手扶住瓶颈，商标朝向客人。服务员面带微笑，准确地说出酒水的名称，并询问顾客是否开瓶。这样做既可避免差错，又可表示对顾客的尊敬。

3）开瓶

所有品种的酒水和饮料，都要当着顾客的面打开，特别是高等级酒水，一定要主人确定认可后，才能开启。不同种类的酒水，采用不同的开启方法。

（1）罐装饮料

罐装饮料中的果汁类饮料一般只需要拉开拉环即可斟倒。而有气的罐装饮料，如可乐、雪碧等，不可摇晃，在开罐时应把开口朝向自己或朝向外侧，不可将开口处对着客人。

（2）中国白酒

左手握住酒瓶中间略上部位，右手用餐巾盖于酒封上，转拧即可。开启后的酒盖应先保留，不要急于拿走。因为有时顾客可能会带走未喝完的酒，那时发现没有酒盖，会引起顾客的不满和误会。

（3）啤酒

将酒瓶放在服务台上，左手扶酒瓶的颈部，右手握酒开瓶器，压于酒封向外扳启即可，不可朝向顾客。

（4）香槟酒／起泡酒

先将瓶口的锡纸剥掉，然后在瓶口盖上一条餐巾，左手握住瓶颈，将酒瓶倾斜，左手大拇指紧压软木塞，右手将瓶口外面的铁丝圈扭弯，直到铁丝帽裂开，再将其取下。此时，用右手紧握软木塞，左手钻动瓶身，动作要轻、要慢，使瓶内气压逐渐将软木塞弹挤出来。转动瓶身时，右手不可以直接用力扭转木塞，以防将其扭断而难以拔出。开瓶时，瓶口避免对着顾客或灯具，服务员的双手在餐巾下面操作，以保证安全。

（5）软木塞类酒

①第一步，洁瓶。先用餐巾把瓶口部位擦拭一下，然后用小刀或酒钻上的刀尖在瓶口处划一圈，将封皮去掉，再用餐巾把瓶口擦拭干净。

②第二步，下钻。无论是杠杆的开瓶器还是双手压的开瓶器，下钻时都要将钻头对准软木塞的中心点，慢慢用力向下旋转，当钻头钻入软木塞的 3/4 处即可停止。因为一般来说，软木塞长 5 厘米，所以钻头钻至 4 厘米即可，不要钻透，否则木屑会掉入酒中。

③第三步，起钻。如果是杠杆式的开瓶器，将杠杆装置放在瓶口处用左手稳住，右手往上提钻，这样木塞就可以拔出来了。拔出木塞后，将瓶塞放在一个小盘中，再次用餐巾擦一下瓶口，然后就可以为顾客斟倒了。在开红葡萄酒时不要摇晃酒瓶，因为红葡萄酒储存的时间比白葡萄酒更长一些，瓶底会有些酒渣属于正常现象，不要让其泛起。

4.3.2 斟酒姿势与站位

斟酒姿势有桌斟、捧斟和托盘斟酒。

1）桌斟

桌斟这是指顾客的酒杯放在餐桌上，服务员持瓶向杯中斟酒。

斟倒酒水服务开始时，服务员应站在顾客右侧身后面向顾客。右脚在前，站在两位顾客的座椅中间，脚掌落地。左脚在后，脚尖着地，身体向左前倾斜，左手背在身后。右手持瓶，握住酒瓶下端 1/3 处，食指指向瓶口，酒标朝向顾客，注意不要用手指遮挡酒标。斟倒酒水时，上身略向前倾。当酒液斟满时，利用腕部按顺时针方向将酒瓶旋转向自己身体一侧（约 1/4 圈），左脚后跟落地，右脚撤回与左脚并齐，退到席外。同时，左手迅速、自然地用餐巾擦拭瓶口，继续为下一位客人斟酒。服务员应表情自然、面带微笑，斟酒时动作轻快，一步到位。服务员斟完酒后，将酒瓶恢复直立状。服务员在斟倒酒水时，切忌将身体贴靠顾客，以方便操作、不打扰顾客为宜。

2）捧斟

捧斟是将顾客放在餐桌上的酒杯捧在手中，然后再向杯内斟酒。捧斟大多适用于非冰镇酒水的斟酒服务。

斟酒服务开始时，服务员先呈直立式站立，站在顾客右侧，右脚在前、左脚在后，脚掌落地。服务员右手握瓶，左手将顾客餐桌上的酒杯拿起捧在手中，向左转动身体。先在顾客左后方完成斟酒动作，然后转回身体面向顾客，将装有酒的酒杯放回原来位置。捧斟时，服务员要做到准确、优雅、大方。

3）托盘斟酒

服务员应站在顾客的右后侧，右脚向前，侧身而立。服务员应先礼貌地询问顾客所用酒水饮料品种。待顾客选定后，服务员直起上身，托移至顾客身后。移托盘时，左臂打开将托盘向外推送，避免碰到顾客。然后，运用正确的托盘姿势，左手托盘，保持平衡，用右手从托盘上取下顾客所需的酒水进行斟倒。

4.3.3　斟酒量的控制与次序

1）斟酒量的控制

①烈酒斟八成。

②红葡萄酒斟五成，白葡萄酒斟五成。

③斟香槟酒时，应将酒瓶用口布包好，先向杯中斟倒 1/3 的酒液，待泡沫退去后，再往杯中续倒至 2/3 处为易。

④啤酒分两次进行斟倒，以泡沫不溢为准。

2）斟酒的次序

①酒水斟倒顺序依次为红酒、烈性酒、啤酒或饮料。

②宴会斟倒酒水从主宾位开始，依次按顺时针方向为顾客斟倒酒水。零餐斟酒一般先女士，后男士；先长者、尊者，后其他人。

③宴会一般提前 5 分钟左右斟倒酒水。

④在宾主祝酒讲话时，停止一切服务活动。顾客杯中酒液不足 1/3 时也要添斟，应在顾客干杯前后及时为其添斟。

任务4　上　菜

4.4.1　上菜位置

1）包间圆桌

在陪同位置上菜。

2）包间方桌

避开重要顾客、老人、小孩、孕妇的夹角处即可。

3）大厅桌子

避开老人、小孩、孕妇的位置，方便自己操作即可。

4.4.2　上菜的顺序和要求

1）按照上菜顺序上菜

上菜顺序一般为：

①凉菜→特色菜→荤菜→素菜→小吃。

②易变形、变色的菜品需先上桌，如肥牛、耗儿鱼等。

③易荤汤、煳锅的菜品后上桌，如土豆、粉条等。

2）上菜的要求

①服务员在上菜前注意先核对餐台号、菜品品名，避免上错菜。

②发现所出菜品与顾客所点菜品不相符时，应及时查明原因，并及时处理。

③核对菜单时，若菜品已上，应打"√"备注。

4.4.3 菜肴摆放的要求

①摆放原则：一点、二线、三角、四平方、五梅花。

②第一个菜摆放在主宾面前，离锅圈 4 厘米。

③菜品摆放时，荤菜和素菜、烫菜和煮菜、口味相同的菜、颜色相同的菜都要分开摆放。

④摆放时，操作一定要轻，不能发出菜盘和桌子碰撞的声音。

⑤桌面摆满后，余下菜品摆放在旁边的菜架上，荤菜放上面，素菜放下面。

4.4.4 上菜的注意事项

1）上菜"五不取"

①分量不足不取。

②品名不符不取。

③颜色不正不取。

④新鲜不够不取。

⑤器皿不洁、破损、不符合规格不取。

另外，还应注意菜品有无异常气味，有无异物，发现问题及时处理。

2）上菜前应先挪出空位，敬语在前，动作在后

这样做一方面，是尊重、提醒顾客；另一方面，是考虑上菜的安全。常用的语言有"对不起""打扰一下，上菜"等。

3）动作轻柔，不上错

上菜时不推盘，每上一道菜都要报菜名。

4）特色菜

特色菜品需要向顾客介绍口感特点和烫食时间。先将菜品上桌，退后一步，用右手指

向要介绍的菜品，五指并拢（请的姿势），向顾客介绍："这道特色菜——麻辣牛肉，麻辣鲜香，细嫩爽口，烫食时间1分钟，祝您用餐愉快！"

5）上菜时双手端菜

要平、稳，手指不能接触到菜品。

6）上菜其他注意事项

①严禁将菜盘从顾客头上越过上菜，上菜过程原则上保持一个位置上菜，以免打扰多个客人用餐。

②当顾客正在讲话或敬酒时，应等顾客讲完话或敬完酒后再上菜，尽量不打扰顾客的进餐气氛。

③菜品上齐时，要主动告知顾客："大家好！你们点的菜品已全部上齐，餐中有任何需要可随时叫我。我是××，祝您用餐愉快！"

实训 火锅服务基本技能训练

【实训要求】

掌握火锅服务的托盘、摆台、斟酒、上菜的基本服务技能，了解基本服务技能在实际操作中的重要性。

【实训内容与操作标准】

1.托盘训练

（1）教师讲解示范

动作要领：轻托的操作步骤，即理盘、装盘、起托、行走、卸盘。

（2）学生分组练习

2.摆台训练

（1）教师讲解示范

动作要领：根据摆台程序进行摆台操作，注重物品分盘装盘摆放。

（2）学生分组练习

3. 斟酒训练

（1）教师讲解示范

动作要领：站在顾客右侧身后面向顾客。右脚在前，站在两位顾客的座椅中间，脚掌落地。左脚在后，脚尖着地，身体向左前倾斜，左手背在身后。右手持瓶，握住酒瓶下端1/3处，食指指向瓶口，酒标朝向顾客，斟倒酒水时，上身略向前倾。当酒液斟到适当位置，利用腕部按顺时针方向将酒瓶旋转向自己身体一侧（约1/4圈），左脚后跟落地，右脚撤回与左脚并齐，退到席外。

（2）学生分组练习

4. 上菜训练

（1）教师讲解示范

动作要领：按凉菜、特色菜、荤菜、素菜、小吃顺序上菜，按四分开原则摆放。

（2）学生分组练习

【训练评价】

表 4-1　训练评价表

班级：　　　　　组别：　　　　　学号：　　　　　姓名：

序　号	评价内容	评分标准	配　分	扣　分	得　分
1	托　盘	姿势正确，托盘平衡	25		
2	摆　台	按程序摆台，动作规范到位	25		
3	斟　酒	站位正确，动作规范到位	25		
4	上　菜	按顺序上菜，遵守摆放原则	25		
合　计			100		

 思考题

1. 火锅服务有哪些基本技能？

2. 斟酒服务中的示酒环节有什么作用？

3. 上菜服务中要求服务员"五不取"有哪些内容？

项目 **5**

火锅零餐服务

【**教学目标**】

知识目标

　　了解火锅零餐服务的特点和服务程序。

能力目标

　　正确掌握火锅零餐服务程序，提供优质的对客服务。

素养目标

　　养成工作中勤思考的习惯，为顾客提供细致周到的服务。

任务1 **火锅零餐服务的特点**

　　火锅零餐的特点主要通过服务对象对就餐的不同要求体现，包括就餐时间的随意性、就餐要求的多样性、就餐场所的选择性 3 个方面。

5.1.1 就餐时间的随意性

　　虽然网络预订业务发展迅猛，但火锅零餐顾客仍然会到了用餐时间才临时决定到餐厅用餐。他们的就餐时间不统一，有的顾客还未到火锅店的营业时间便到店等候就餐，有的顾客则在营业时间即将结束时才来。针对零餐顾客的这些特点，服务人员自始至终都要精神饱满、热情耐心地为每一位顾客提供服务。特别需要注意的是，在营业即将结束时，服务人员不可早退、脱岗、串岗，以防出现"跑单"现象，给餐厅造成经济损失。

5.1.2　就餐要求的多样性

零餐顾客是来自四面八方的不同社会群体，他们在风俗习惯、饮食禁忌、口味特点、供应方式及服务方式等方面的要求有很大的差异。因此，要求服务人员应具备全面、系统的理论知识和过硬的服务技艺，能根据顾客的不同要求，因人而异地进行服务。

5.1.3　就餐场所的选择性

一般来说，顾客选择该火锅店作为自己的就餐场所，说明其有能够吸引自己的地方，如装饰风格、就餐氛围、干净卫生、服务质量、服务态度、锅底风味、菜式品种、供应方式及较先进的设备等。要让顾客对服务感到满意，服务人员就要善于观察顾客的举动，分析顾客的语言动作等，尽量满足顾客的合理要求，维护餐厅的信誉和形象。

任务2　火锅零餐服务的程序

火锅零餐服务的程序如图 5-1 所示。

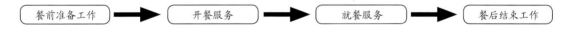

图 5-1　火锅零餐服务的程序

5.2.1　餐前准备工作

1）清洁、整理餐厅

餐厅清洁卫生是提高餐厅服务质量的基础和条件。搞好餐厅卫生，既可美化环境，又可提高顾客的就餐兴趣。

①定期做好火锅炉灶的清洁、空调风机滤网的清洗、地毯的清洗、地板或花岗岩（大理石）地面的打蜡等卫生工作。

②利用餐厅的营业间隙或晚间营业结束后的时间进行餐厅的日常除尘工作。一般应遵循从上到下、从里到外、环形清扫的原则。

③全面除尘后应用吸尘器（地毯）或尘推（地板或花岗岩地面）除尘，同时喷洒香水或空气清新剂，确保餐厅空气的清新。

④不同的部位应使用不同的抹布除尘。一般来说，先湿擦，后干擦。整个餐厅的清洁

卫生工作应在开餐前1小时左右完成。

⑤应特别注意餐厅的公共卫生间的清扫工作。具体要求为地面洁净，便器无污物、无堵塞，洗手池台面干净、镜子光亮，卫生用品供应充足等。

⑥做好衣帽间的清洁卫生。

⑦做好餐厅清洁卫生后，应将餐桌椅和工作台摆放整齐，横竖成行，以营造整洁大方、舒适美观的进餐环境。

2）准备营业所需物品

①启动排风系统，检查所使用的炉灶、阀门、管道、电源是否正常。

②准备餐酒用品。主要有各种瓷器、玻璃器皿及布件等。应根据餐位数的多少、客流量的大小、供餐形式等来确定，要求数量充足、品质佳（无任何缺损）。

③准备服务用品。主要有各种托盘、开瓶器具、菜单、酒水单、毛巾夹、毛巾车、毛巾、茶叶、开水瓶、高汤壶、牙签、点菜单、笔、打火机、各种调味品等。上述物品应准备齐全、充足，同时确保完好无损，洁净卫生。

④准备酒水。即酒水（饮料）单上的酒水必须品种齐、数量足。吧台酒水员应在开餐前去仓库领取酒水，并做好瓶（罐）身的清洁卫生，酒水按规定陈列或放入冰箱冷藏待用。

⑤收款准备工作。在营业前，收款员应将收款用品准备好，如账单、账夹、菜单价格表等；同时，备足零钞，分类放好。另外，还应了解新增菜肴的价格和某些菜肴的价格变动情况等。

⑥其他准备工作。如衣帽间服务员应根据客流量及季节的变化准备足够的衣架、挂钩、存衣牌等，以便提供优质的衣帽服务。

3）摆台

按标准要求摆台（见图5-2）。

图5-2 火锅餐位摆放

4）掌握客源情况

①了解顾客的预订情况，针对顾客的要求和人数安排餐桌。

②掌握VIP顾客的情况，做好充分的准备，以确保接待规格正确，服务能顺利进行。

③了解客源增减变化规律和各种菜品的点菜频率，以便有针对性地做好推销工作。这样既可以满足顾客需求，又可以增加菜品销售收入。

5）了解菜单情况

①了解餐厅当日所供锅底、菜品的品种、数量和价格。

②掌握所有菜品的构成、制作方法、加工时间和风味特点。

③熟悉新增时令菜或特色菜等。

6）其他准备工作

①餐前检查。

②参加餐前例会。

③上岗（见图 5-3）。

5.2.2　开餐服务

图 5-3　火锅厅服务

1）迎领服务

①问候顾客。

②接挂衣帽。

③询问顾客有无预订。

④引领顾客入座。

⑤及时更新订餐信息。

⑥迎领服务注意事项。

a. 迎宾员走在顾客右前方 1 米左右，目光随时关注顾客，将其引领至餐桌前拉椅让座，并告知服务员顾客人数。

b. 遇到 VIP 顾客前来就餐，餐厅经理（主管）应在餐厅门口迎候。

图 5-4　迎接宾客

c. 如迎领员迎领顾客进入餐厅而造成门口无人，餐厅领班应及时补位，以确保顾客来到餐厅就餐时有人迎候。

d. 如顾客前来就餐而餐厅已满座，应请顾客在休息处等候，并表示歉意。待餐厅有空位时，应立即安排顾客入座，也可将顾客介绍至其他餐厅就餐。

e. 迎领员应根据顾客情况为其安排合适的餐位，如为老年人和残疾人安排离门口较近的餐桌，为情侣安排较为僻静的餐桌等。

f. 迎领员在安排餐桌时，应注意不要将所有顾客同时安排在一个服务区域内，以免有的值台员过于忙碌，而有的值台员则无所事事，从而影响餐厅的服务质量。

g. 如遇带儿童的顾客前来就餐，迎领员应协助值台员送上儿童座椅。

h. 如遇顾客来餐厅门口问讯，如问路、看菜单、找人等，迎领员也应热情地帮助顾客，尽量满足其要求。

图 5-5　包房连桌火锅

2）餐前服务

餐前的一系列服务应遵循先宾后主、女士优先的原则（见图5-6）。其主要流程如下：

①上毛巾。

②问茶。

③撤去多余餐具。

④撤筷套。

⑤点锅底。

介绍重庆火锅的麻辣红汤锅、鸳鸯锅及其他锅底特点，供顾客选择。

⑥调制调味碟。

图5-6　餐前服务

⑦询问顾客是否需要围裙。

调味碟时，应先加麻油，再加蒜泥。加调料前，应征询顾客的意见。同时，介绍其他调料的添加方式，并请顾客自便。

在餐前服务过程中，如顾客示意点菜，应先接受顾客点菜，再提供相应的餐前服务，以确保满足顾客的需要。

5.2.3　点菜服务

1）点菜服务的注意事项

①及时询问。

②适当介绍。介绍重庆火锅的特色菜，如鲜毛肚、鲜鸭肠等。

③点菜服务姿势标准。

④合理建议。

⑤填单记录。

2）填单记录的注意事项

①书写时将点菜单放在左手掌心，不能将点菜单放在顾客餐桌上。

②填写点菜单时，应迅速、准确，书写端正、清楚。

③火锅烫煮菜与小吃点心应分开填单。

④注明对菜点的特殊要求。

⑤处理顾客的其他特殊要求。

⑥准确复述。

⑦及时传送。

5.2.4　酒水服务

①客人点完菜后，服务员应主动向顾客介绍各类适合火锅就餐时饮用的酒水，如白

酒、红葡萄酒、去火的凉茶等。待顾客选定后，按要求填写酒水单。酒水单一式二份，一份交收银员，一份交吧台。

②服务员凭酒水单到吧台领取顾客所点酒水并认真检查，如商标是否干净，容器有无破损，酒水有无变质，酒水供应温度是否符合要求等。再将酒水托送至工作台上，根据酒水品种准备相应的酒杯。

③服务员将相应酒杯送上餐桌后，应将酒类（如有包装应连同包装）送到顾客的餐桌上向顾客展示，待顾客确认无误后打开包装，拿出酒瓶，并当着顾客的面打开酒瓶盖，然后提供酒水服务。

④斟满酒水后，服务员应主动询问顾客可否撤走茶杯。撤茶具应在顾客右侧用托盘进行，如顾客保留茶杯，应随时主动为顾客添加茶水（见图5-7）。

图 5-7 酒水服务

5.2.5 就餐服务

1）上锅底

传菜员检查炉具开关安全。上锅底时，应提醒顾客注意安全："对不起，打扰一下，现在为你们上锅底。"如顾客点的鸳鸯锅底，辣汤放置方位要征询顾客意见，根据顾客的要求及时调整摆放位置。

图 5-8 上锅底

图 5-9 放九宫格

2）上菜服务

上菜服务由服务员完成，具体内容如下：

（1）上菜顺序

通常先上荤菜，再上素菜，最后上点心和水果。

（2）上菜要求

①菜盘不能重叠放置，荤菜放在桌面上，多余菜品放在备餐台或菜架上。

②上菜时，腰花、腰片、腰花、腰片、肥牛、肥羊、老肉片等易变形变色的菜应先上

桌，可以在征得顾客同意后先下锅。

③上菜时要逐一报菜名。

④上完菜时，应先核对菜单，再提醒顾客："先生／小姐，您的菜品已上齐，请慢用。"

图 5-10　上菜服务

图 5-11　介绍菜品

3）酒水服务

图 5-12　斟茶服务

就餐中对服务员的酒水服务要求如下：

①当顾客杯中酒水不足 1/3 时，应随时主动为顾客斟酒水（见图 5-12）。

②当顾客所点酒水已倒完时，应主动征询顾客是否需要添加酒水。

③如顾客不再饮用酒水，则应及时将空杯撤下。

4）加汤

①锅中汤汁下降 1 ~ 1.5 厘米时，应及时加汤至出锅时液面的位置。

②加汤口应选择在避开老人、小孩、孕妇或重要顾客，方便自己操作的位置。

③加汤时，右手提壶，左手护住汤壶，从锅边加汤。此时汤壶嘴一定要低，避免汤汁溅出。加完汤时，壶嘴向上，避免汤汁滴在桌上或顾客身上。

5）调火

①调节火力前，要征得顾客的同意。

②单味锅沸腾面大于 1/2、鸳鸯锅沸腾面大于 2/3 时，应及时调火。

③用餐初期或刚刚下冷冻菜品时，需要调至大火，中途可调至中火，用餐近尾声时，需调至小火。

6）搅动锅底

图 5-13　搅动锅底

为了避免火锅食材在长时间煮食过程中出现粘锅

的现象，应根据顾客的就餐情况，及时搅动锅底，同时提醒顾客食材的成熟程度。

7）撤换餐碟

在顾客用餐过程中，不断巡视自己的服务区域，当发现顾客餐碟中的骨刺残渣超过 1/3 时，应及时更换。

8）撤换烟灰缸

当桌面烟灰缸中有两个以上烟蒂时，应为顾客及时撤换烟灰缸。

9）撤空盘

应随时将桌面空的盘碟撤至工作台，并调整桌面盘碟位置。当顾客吃得差不多时，应询问顾客是否需要添加菜肴，如顾客回答"否"，则询问顾客需用什么主食。

10）上水果

上水果的要求如下：

①顾客完全停筷后，应撤走除烟灰缸、酒杯外的所有餐具，换上干净餐碟，送上水果刀、叉，然后将水果送上餐桌，并对顾客说"请品尝"或"请享用"。

②上水果后，应用托盘和毛巾夹从顾客右侧换一次毛巾。

③在顾客用餐完毕后，应按要求提供茶水服务。

11）征询意见

顾客就餐结束后，服务员或餐厅领班应征询顾客对就餐服务的意见。如属于服务方面的意见或建议，应在查清原因后及时处理或在今后改进；如属于锅底、菜品方面的意见或建议，则应及时反馈至厨房或向上级汇报。

12）巡台服务

应经常巡视本服务区域的卫生情况，如发现地面、餐桌、工作台上有杂物，应随时清理，确保卫生。

图 5–14　巡台服务

13）结账服务

结账服务由收银员提供，其步骤如下：

①取账单。

②收款找零，唱付唱收。

③主动询问顾客是否开发票。

14）送客服务

①当顾客就餐完毕起身离座时，服务员应拉椅协助。

②服务员应礼貌提醒顾客不要遗忘随身携带的物品。如顾客提出将剩余食品打包带

走，服务员应及时提供打包服务并礼貌道别。

③如顾客有衣帽寄存，则衣帽间服务员或迎领员应根据存衣牌（如是 VIP 应凭记忆）为顾客取递衣帽，并协助穿戴。

④顾客离开餐厅时，迎领员应将顾客送出餐厅（一般走在顾客身后，待顾客走出餐厅后再送一两步），一边送一边向顾客告别，表示感谢，同时欢迎顾客再次光临。

5.2.6 餐后结束工作

1）清理台面

①顾客全部离席后关闭炉具。

②检查桌面有无顾客的遗留物品，如有，应迅速追还给顾客。如已无法追上归还，则应将失物送交上级处理。

③将锅底送入后厨。

④清理备餐台，收走空酒瓶和饮料罐，做好桌面清洁。

⑤拉齐座椅后，按餐、酒具种类收台。收台顺序一般为先收餐巾和毛巾，然后收玻璃器皿，再收不锈钢餐具，最后收瓷器类餐具及筷子。收台时，应分类摆放，坚持使用托盘，同时注意安全和卫生。

⑥清理台面。将桌面垃圾抹去后，用带洗洁精的毛巾将桌面擦干净，然后用清水擦一遍，最后用干毛巾或纸巾擦一遍，使桌面保持清爽干净。

⑦收台时，要轻拿轻放，避免发生响声影响周围顾客就餐。

⑧打扫地面的清洁卫生。

2）摆台迎客

按要求重新摆台，等候迎接下一批顾客的到来或继续为其他顾客服务。

5.2.7 火锅服务中的个性化服务

1）老人就餐

①准备棉坐垫。

②介绍豆腐、南瓜等一些柔软的菜品。

③协助老人捞取菜肴。

④搀扶和帮助老人出入座位。

2）孕妇就餐

①准备棉坐垫。

②送可口的小吃或者泡菜。

③避免在孕妇身旁进行操作，以免给她带来意外伤害。

3）儿童就餐

①准备儿童餐椅。

②准备儿童餐具。

③给小孩捞取无骨、无刺、易于消化的食品。

④遇到有小孩入睡，提供简单的寝具。

4）过生日顾客就餐

①送生日果盘、长寿面或汤圆。

②为顾客营造温馨的生日活动氛围，如唱生日歌，表演节目，赠送生日蛋糕、鲜花等。

5）特殊顾客就餐

接待特殊顾客就餐时，应保护顾客隐私，做好"暗"的服务，尽量为顾客提供方便。

6）其他特殊情况

①顾客咳嗽：主动关心，询问是否需要冰糖雪梨水。

②顾客携带行李或酒水：主动帮忙提拿。

③醉酒顾客：主动提供醒酒汤。

④顾客接电话：主动提供纸和笔。

⑤主动提供免费网络、手机套、围裙，准备常用药箱、针线盒、雨具，以备顾客所需。

火锅服务视频

 ## 火锅零餐服务训练

【实训要求】

掌握火锅零餐服务的餐前准备工作、开餐服务、点菜服务、就餐服务、餐后结束工作的程序。

【实训内容与操作标准】

1.教师讲解并示范火锅零餐服务程序：餐前准备工作、开餐服务、点菜服务、就餐服务、餐后结束工作。

2.学生分组讨论火锅零餐服务程序的要领。

3.学生分组练习。

【训练评价】

表 5-1 训练评价表

班级：　　　　　　组别：　　　　　　　　学号：　　　　　　　　姓名：

序　号	评价内容	评分标准	配　分	扣　分	得　分
1	餐前准备工作	工作程序完整,动作规范到位	20		
2	开餐服务	工作程序完整,动作规范到位	20		
3	点菜服务	工作程序完整,动作规范到位	20		
4	就餐服务	工作程序完整,动作规范到位	20		
5	餐后结束工作	工作程序完整,动作规范到位	20		
合　计			100		

 思考题

1.火锅零餐服务有哪些特点？

2.火锅零餐开餐前，服务员需要准备哪些服务用品？

3.火锅零餐开餐前的服务程序是怎样的？

4.火锅零餐就餐服务的内容是什么？

火锅自助餐服务

任务1　火锅自助餐的特点

　　火锅自助餐是指顾客支付规定数量的钱款（或签单）后，点好需要的锅底，然后从餐厅预先布置好的餐台上自己动手任意选择喜爱的菜品，在餐桌上煮食的一种用餐形式（见图6-1）。

　　火锅自助餐有以下特点：

图6-1　自助餐

6.1.1　菜点丰富，价格低廉

　　在这种就餐形式中，因为顾客支付规定数量的钱款后即可品尝品种繁多的菜肴、点

心，且不限取食次数，所以客人用餐较为自由。

6.1.2　进餐速度较快

客人在付款进入餐厅后，无须点菜并等候，即可取食菜点。这样比较适合现代社会快节奏的生活方式，同时也可以提高餐厅的座位利用率。

6.1.3　人力费用较低

因为客人是自取菜点，服务员仅需提供简单的服务，如酒水服务、整理餐桌、补充菜点和餐具等，所以可以使餐饮企业节省人力资源、降低费用。

任务2　火锅自助餐服务的程序

火锅自助餐服务的程序如图 6-2 所示。

图 6-2　火锅自助餐服务的程序

6.2.1　餐前准备工作

1）餐台设计

自助餐台，又称菜点陈列台，通常设在餐厅靠墙的一侧，也可放在餐厅的中央或一角。

自助餐台的台形与冷餐酒会的台形相似，一般以"一"字形长台居多，也可以是方形台或圆形台。如果餐厅的客流量较大，可以由一个主台和几个小台组成；如果仅有一个主台，也应进行分区设计，如可以分为调料料理区、酒水饮料区、菜品区、热点区、甜点水果区、主食区等。

2）餐桌摆台

准备摆台的相应餐具、用具，主要是餐位垫、餐盘、筷子、餐巾和餐巾纸，以及酱醋壶、盐盅、牙签筒、烟灰缸等。

3）餐台陈列

开餐前，应将所有菜点、饮料及餐盘等餐具陈列在餐台上。

①餐台服务员应用鲜花、果蔬雕等装饰餐台。

②餐盘等餐具应整齐地陈列在距餐厅门口最近的餐台一侧，以便客人取用。

③应在酒水饮料区备好啤酒、果汁、咖啡、茶等，注意不同酒水的供应温度。备好杯具，将其整齐地排列在餐台上。

④取食菜点的叉、匙和点心夹应统一放在菜点盘中，也可放在菜点盘旁边的餐碟中。

4）检查

餐前准备工作做好后，应仔细检查有无疏漏或不妥之处，如发现应及时纠正。最后整理自己的仪表仪容，在规定位置上站立，恭迎顾客的到来。

6.2.2 开餐服务

1）迎领服务

①顾客前来火锅自助餐厅，应说："您好，欢迎光临！"

②如果顾客有餐券，请顾客出示火锅自助餐券；如果顾客无餐券，应问清人数后，礼貌地请顾客去收银台付款（或签单）。

③如果是团队顾客，则应与旅行团的导游（或领队）或主办单位的联络人一起统计客人人数。

④礼貌地示意顾客进入餐厅。

⑤统计顾客人数并做记录，如有自助餐餐券则交收银台。

⑥顾客就餐完毕离开餐厅时，应礼貌道别。

⑦视需要接挂顾客衣帽。

2）餐台服务

①主动为顾客斟倒饮料，递送餐盘等，热情为顾客介绍自助调料和菜品。

②注意整理菜点，使之保持丰盛、整洁、美观，必要时帮助顾客取用菜点（见图6-3）。

③及时更换或清洁服务叉、匙和点心夹，随时补充餐盘等餐具。

④如果某些菜点消耗速度较快，应通过传菜员及时通知厨房补充。

⑤随时做好热菜点的保温工作，及时回答顾客提出的有关菜点的问题。

图6-3 餐台服务

⑥具有重庆火锅特色的烫菜如毛肚、鸭肠一类的菜品，应注明烫煮时间。

3）传菜服务

①及时补充菜品、餐具。

②做好餐厅与厨房的联络、协调工作。

③及时撤走顾客用过的脏餐具并传至洗碗间。

4）餐桌服务

①及时为客人拉椅让座。待顾客坐下后，介绍自助餐提供的各种锅底，请顾客点锅底并上锅底。

②当顾客离座取菜时，及时撤走顾客用过的脏餐具，并将餐巾叠好，放在餐位右侧。

③及时补充餐巾纸、调料等，按要求撤换盛有超过两个烟头的烟灰缸。

④根据顾客需要，迅速为顾客取送煎煮食品或其他菜点。

⑤及时为不习惯或不方便自取食物的顾客取送菜点、饮料。

⑥巡视餐厅各处，随时保持餐厅卫生，随时准备为顾客提供服务。

⑦顾客用餐结束后，及时、准确地为顾客结账，收款道谢后，主动向顾客告别，同时迅速清理台面，重新摆台，以便后来的顾客用餐。

6.2.3 餐后结束工作

火锅自助餐的餐后结束工作与火锅零点服务基本相同，其不同之处如下：

①将多余的菜点撤至厨房处理。

②搞好自助餐台、保温设备等的卫生工作。

③如台布有污渍或破损，应及时更换。

实训 火锅自助餐服务训练

【实训要求】

掌握火锅自助餐服务的特点、餐前准备工作、开餐服务、餐后结束工作的程序，了解零餐与自助餐的区别。

【实训内容与操作标准】

1. 教师讲解火锅自助餐服务的特点，示范餐前准备工作、开餐服务、餐后结束工作。

2.学生分组讨论火锅零餐与自助餐服务的区别。

3.学生分组练习。

【训练评价】

表 6-1　训练评价表

班级：　　　　　　组别：　　　　　　　　学号：　　　　　　　姓名：

序　号	评价内容	评分标准	配　分	扣　分	得　分
1	自助餐服务的特点	能正确描述火锅自助餐的特点	25		
2	餐前准备工作	工作程序完整,动作规范到位	25		
3	开餐服务	工作程序完整,动作规范到位	25		
4	餐后结束工作	工作程序完整,动作规范到位	25		
合　计			100		

1.火锅自助餐有哪些特点?

2.火锅自助餐应如何摆台?

项目 **7**

火锅宴会服务

【教学目标】

知识目标

了解火锅宴会的概念、特点、分类与服务流程。

能力目标

能正确运用火锅宴会知识进行火锅宴会的预订、准备及服务工作。

素养目标

养成良好的工作习惯，为客人提供优质的火锅宴会服务。

任务1　火锅宴会的特点和预订

　　火锅宴会是在普通火锅用餐的基础上发展而成的一种高级火锅用餐形式。火锅宴会是指宾、主之间为了达到欢迎、祝贺、答谢、喜庆等目的而举行的一种隆重且正式的火锅餐饮活动（见图7-1）。

7.1.1　火锅宴会的特点

　　火锅宴会具有如下特点：

图 7-1　火锅宴会

①预先确定规模和规格。

②预先确定菜品、酒水的种类和数量。

③预先确定用餐标准。

④对服务要求高，强调服务细致周到，讲究礼貌礼节。

⑤对环境布置要求较高，强调隆重热烈，讲究气氛渲染（见图 7-2）。

图 7-2　火锅宴会环境

7.1.2　火锅宴会的预订

火锅宴会的预订是一项具有较强专业性和较大灵活性的工作。

1）火锅宴会预订方式

（1）直接预订

直接预订是火锅宴会预订较为有效、实用的方式。在宴会规模较大、宴会出席者的身份较高或宴会标准较高的情况下，宴会举办单位或个人一般会要求当面洽谈，直接预订。通常，宴会销售员或预订员应根据顾客要求，详细介绍宴会场地和所有细节安排，如厅堂布置、菜单设计、席位安排、服务要求等，尽量满足顾客提出的各项要求。同时，商谈付款方式，填写宴会预订单，记录预订者的联系地址、电话号码、微信号等，以便日后与顾客联络。

（2）电话预订

电话预订是另一种较为有效的火锅宴会预订方式，常用于小型火锅宴会的预订、查询相关宴会资料、核实相关宴会细节等，在餐厅的常客中尤为多见。此外，大型宴会面谈、宴会的落实或某些事项的更改等相关信息通常也是通过电话来传递的。与直接预订相同，预订员应在电话中向客人介绍、推销火锅餐饮产品，落实有关细节，填写宴会预订单等。

除上述两种主要的火锅宴会预订方式外，顾客还可通过信函、邮件等方式来进行预订。餐厅应想方设法与客户联络，尽力扩大宴会销售业务，努力提高宴会设施利用率，从而为餐厅创造良好的社会效益和经济效益。

（3）网络预订

除了直接预订和电话预订，顾客也可以通过手机 App、微信公众号、餐饮企业官方网站下单等方式，进行网络预订。

2）火锅宴会预订程序

（1）接受预订

接受预订的流程如下：

①热情迎接。

②仔细倾听。

③认真记录下列内容：

a. 火锅宴会的类型。

b. 火锅宴会的举办日期和时间。

c. 火锅宴会的出席人数（包括最低保证人数）和餐桌数。

d. 火锅宴会的名称、性质和顾客身份等。

e. 火锅宴会的举办单位或个人、联络人的联络地址和电话号码等。

f. 计划安排的火锅宴会厅名称，厅堂布置和台形设计的要求。

g. 菜单的主要内容、酒水的种类和数量。

h. 收费标准和付款方式。

i. 火锅宴会的其他要求，如提供休息室、请柬、席位卡、致辞台等。

j. 接受预订的日期和预订员的签名等。

k. 填写火锅宴会预订单，填写好后，应向顾客复述并请预订顾客签名。

④礼貌道别。

（2）火锅宴会预订的落实

①填写火锅宴会活动记录簿。

②签订火锅宴会合同。

③收取订金。

④建立火锅宴会预订档案。

⑤火锅宴会预订的更改或取消。

任务2　火锅宴会服务的程序

火锅宴会服务的程序如图 7-3 所示。

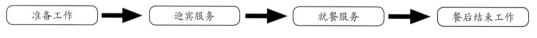

图 7-3　火锅宴会服务的程序

7.2.1　餐前准备工作

1）掌握火锅宴会的相关情况

（1）火锅宴会的基本情况

火锅宴会基本情况包括下列内容：

①火锅宴会的时间和地点。

②火锅宴会的人数和桌数及宾、主身份、姓名等。

③火锅宴会厅布置要求。

④火锅宴会的标准和付款方式。

⑤锅底、菜点、酒水情况。

⑥服务人员的分工情况。

⑦客人的特殊要求和禁忌。

⑧火锅宴会举办者的其他要求等。

（2）菜单情况

菜单情况应包括下列内容：

①锅底和味碟种类。

②菜点名称和出菜顺序。

③菜点的原料构成、制作方法和服务方法。

④菜点的口味特点和典故传说等。

（3）服务要求

服务要求包括下列内容：

①摆台及台面布置要求。

②迎领服务要求。

③酒水服务要求。

④锅底、菜肴服务要求。

⑤撤换餐、用具的要求。

⑥结账送客要求。

⑦主桌服务要求等。

2）宴会厅布置

（1）休息室的布置

①休息室应宽敞明亮，配备舒适的沙发座椅，摆放绿色植物。

②配备可上网的计算机、电视机、报纸杂志。

③提供饮料服务。

（2）火锅宴会厅的布置

①根据火锅宴会的目的、性质和举办者的要求，在厅堂的上方悬挂会标，如"庆祝××公司成立""欢迎××代表团"等。

②在火锅宴会厅四周摆放盆景花草，以突出或渲染宴会隆重而热烈的气氛。

a.如果是一般的婚宴或寿宴等，则在火锅宴会厅的醒目位置（一般是主桌后的墙壁上）挂上"喜"字或"寿"字，也可根据客人要求挂贴对联等。

b. 如果举办者要求，应在主桌右后侧设置致辞台，台面铺台布，台面用盆景、鲜花、果蔬雕装饰，放置麦克风，以便宾、主致辞。

③火锅宴会厅的温度和湿度应控制在规定的范围内，大型宴会更应注意，以防人多、锅热引起室温的突然升高。

④在火锅宴会中，如果安排了乐队伴奏或文艺演出，有舞台的要利用舞台，无舞台的应设计出乐队或演出需占用的场地。

3）台形设计

火锅宴会的台形设计应根据火锅宴会的桌数、火锅宴会厅的面积和形状，以及举办者的要求灵活进行，但应遵循以下原则：

①突出主桌。

②统一规格。

③布局合理。

4）席位安排

席位安排是指根据宾、主的身份、地位来安排每位客人的座位。在进行席位安排时，必须与宴会举办者联络，了解其要求并遵循"高近低远"的原则。高近低远中的"高低"是指客人的身份和地位，而"近远"则是指客人与正、副主人（或主桌）的距离。

5）物品准备

物品准备应包括下列内容（见图7-4）：

①瓷器、陶器。

②玻璃杯。

③金属餐具。

④棉织品。

⑤用具。

⑥其他。

图 7-4　物品准备

6）摆台

按标准要求摆台。

7）准备酒类饮料

火锅宴会所需要的酒类饮料必须事先从仓库领出，清洁瓶（罐）身或外包装。饮料应事先冰镇。在开宴前半小时左右，值台员应擦净瓶（罐）身，将酒水整齐地码放在工作台上，将开瓶器具也备好放在旁边。此外，香烟、茶水也应备好。同时，还应准备宴会调味碟所需的麻油、醋、蒜泥、盐等调料。

8）摆放菜品

菜品摆放要求如下：

①荤素搭配合理。

②色调分布美观。

③盘间距离均匀。

④最具特色的菜品摆放在主位前。

⑤多桌宴会时各桌的菜品摆放形式应统一。

⑥应使用托盘摆放菜品，不可用手直接拿取，并注意不要破坏装盘的艺术造型。

⑦火锅宴会如使用转台，应将菜品摆放在转台上。

⑧火锅宴会如采用分餐制，则应将菜品拼盘直接摆放在每个餐位的前面，但要注意朝向。

9）宴前检查

宴前检查内容如下（见图7-5）：

①桌面餐具、用具的检查。

②卫生检查。

③设备检查。

④安全检查。

图7-5 餐前检查

7.2.2 迎宾服务

迎宾服务流程如下：

①热情迎宾。

②接挂衣帽。

③引入休息室。

④请客入座。

⑤递毛巾，上热茶、水果。

7.2.3 就餐服务

1）入席服务

入席服务流程如下：

①拉椅让座。

②铺餐巾、撤筷套。

③斟倒茶水。

④撤装饰物、桌号牌。

2）斟酒服务

①大中型宴会应在宴前10分钟左右斟好预备酒，一般是将葡萄酒杯斟至五分满，白酒杯斟至八分满。小型宴会可在宴会开始后斟倒酒水。

②斟酒时，先斟葡萄酒，再斟烈性酒，最后斟啤酒及软饮料。

③斟酒顺序从主宾开始，按顺时针方向进行。

④斟酒时，应在客人右侧进行，站立姿势和持瓶方法与零餐服务相同。

⑤斟酒时，应使用托盘，将宴会所用酒水整齐地摆放在托盘中，商标朝向外侧。应先请客人选择酒水品种，再将托盘移至椅背外，持握客人所选定酒水进行斟倒。一般的做法是：葡萄酒和白酒可持瓶斟满，啤酒和软饮料需采用托盘斟酒。

⑥如客人不喝某种酒水，则应及时撤走相应的杯具。

⑦如客人需用冰块，则应将冰块及冰块夹及时提供给客人。

⑧主人至各桌敬酒时，主桌值台员应托送酒水跟从，以便及时斟酒。

3）上菜服务

严格按照要求上菜。

4）分菜服务

在用餐标准较高或是客人身份较高的宴会上，每道菜肴均需分派给客人。一般宴会则视情况分菜。

5）席间服务

席间服务内容如下（见图7-6）：

①撤换餐碟。

②提供热毛巾。

③酒水服务。

④桌面整理。

⑤提供洗手盅。

⑥撤换烟灰缸。

⑦调节火源。

⑧烫煮菜品。

图 7-6　席间服务

7.2.4　餐后结束工作

1）结账服务

结账服务流程如下：

①汇总账单。

②结账收银。

2）送客服务

送客服务流程如下：

①拉椅送客。

②取递衣帽。

3）结束工作

客人走后，应做好以下结束收尾工作：

①检查。

②收台。

③清理宴会厅。

4）火锅宴会服务注意事项

①火锅宴会服务过程中，如遇宾、主致辞讲话，值台员应暂停操作，并等候。

②就餐过程中，如遇顾客起身离席，应主动拉椅，并将顾客餐巾叠好放在餐位旁。

③火锅宴会服务时，应注意"三轻"，即说话轻，走路轻，操作轻，保证火锅宴会有条不紊地进行。

④各岗位服务员之间应分工协作，默契配合，确保宴会的顺利进行。

⑤在火锅宴会的进行过程中，如有顾客不慎将餐具掉落在地上，值台员应及时送上干净餐具，然后收拾掉在地上的餐具。

⑥火锅宴会结束后，应及时征询顾客对宴会的意见和建议，对火锅宴会服务情况进行总结，提出做得较好的方面，找出不够完善之处，向上级汇报。

任务3　火锅宴会管理

1）工作安排与人员分工

接到火锅宴会任务通知书后，管理人员应根据宴会规模和要求明确各项工作任务，然后向参与火锅宴会服务的服务人员布置工作任务，明确分工，责任到人。

2）准备工作的组织与检查

准备工作包括宴会厅的布置要求、餐台的式样、餐酒用具的领用、酒水的准备、摆台的标准、菜品摆放的要求等。管理人员应将所有准备工作考虑周详，督促服务人员完成；

同时，进行详细检查，以保证万无一失。

3）与厨房的沟通协调

火锅宴会管理人员应事先做好与厨房的沟通工作，如荤素菜品的上菜顺序、需要使用的餐具、饮具，菜肴所跟的调配料等。在宴会进行过程中，管理人员必须根据宴会进程及时与厨房协调，控制出菜的速度。

4）火锅宴会过程的控制

火锅宴会过程的控制包括下列内容：

①按火锅宴会主办单位的要求控制、掌握整个火锅宴会的时间。

②根据顾客的进餐速度控制上菜的速度。

③加强巡视，随时控制服务质量，确保宴会服务规格。

④及时解决火锅宴会过程中出现的各种问题。

⑤督促各岗位员工做好火锅宴会的各项收尾工作。

5）火锅宴会后的总结提高

①每次火锅宴会结束后都应总结本次宴会的成功经验，然后加以推广。

②在总结经验的同时找出本次火锅宴会的不足，分析产生问题的原因，提出解决办法，以便在下次火锅宴会时改进。

实训 火锅宴会服务训练

【实训要求】

掌握火锅宴会服务的预订、餐前准备工作、迎宾服务、就餐服务、餐后结束工作的程序，了解火锅零餐服务与宴会服务的区别。

【实训内容与操作标准】

1.教师讲解火锅宴会的预订方法，示范餐前准备工作、迎宾服务、就餐服务、餐后结束工作。

2.学生分组讨论火锅零餐服务与宴会服务的区别。

3.学生分组练习。

【训练评价】

表 7-1 训练评价表

班级：　　　　　组别：　　　　　学号：　　　　　姓名：

序　号	评价内容	评分标准	配　分	扣　分	得　分
1	火锅宴会预订	能正确描述火锅宴会预订程序	20		
2	餐前准备工作	工作程序完整,动作规范到位	20		
3	迎宾服务	工作程序完整,动作规范到位	20		
4	就餐服务	工作程序完整,动作规范到位	20		
5	餐后结束工作	工作程序完整,动作规范到位	20		
合　计			100		

1.火锅宴会有何特点？有哪些不同的分类？

2.接受预订的内容有哪些？

3.火锅宴会的宴前组织准备工作包括哪些内容？

4.火锅宴会管理有哪些内容？

参考文献

［1］王德静.餐厅服务 [M].3 版.北京：中国劳动社会保障出版社，2008.

［2］乐盈，姚源，等.餐饮服务与管理 [M].2 版.北京：旅游教育出版社，2012.

［3］郭敏文，樊平.餐饮服务与管理 [M].2 版.北京：高等教育出版社，2006.

［4］关华，王潞.餐饮服务综合实训 [M].重庆：重庆大学出版社，2019.

［5］李贤政.餐饮服务与管理 [M].3 版.北京：高等教育出版社，2014.